高等职业教育楼宇智能化工程技术专业教学基本要求

高职高专教育土建类专业教学指导委员会
建筑设备类专业分指导委员会 编制

中国建筑工业出版社

图书在版编目(CIP)数据

高等职业教育楼宇智能化工程技术专业教学基本要求/高职高专教育土建类专业教学指导委员会建筑设备类专业分指导委员会编制 . —北京：中国建筑工业出版社，2012.12
ISBN 978-7-112-15030-4

Ⅰ.①高…　Ⅱ.①高…　Ⅲ.①智能化建筑-自动化系统-高等职业教育-教学参考资料　Ⅳ.①TU855

中国版本图书馆 CIP 数据核字（2013）第 008074 号

责任编辑：朱首明　张　健
责任设计：李志立
责任校对：姜小莲　陈晶晶

高等职业教育楼宇智能化工程技术专业教学基本要求
高职高专教育土建类专业教学指导委员会
建筑设备类专业分指导委员会 编制

＊

中国建筑工业出版社出版、发行(北京西郊百万庄)

各地新华书店、建筑书店经销
北 京 红 光 制 版 公 司 制 版
北京同文印刷有限责任公司印刷

＊

开本：787×1092 毫米　1/16　印张：4¼　字数：96 千字
2012 年 12 月第一版　　2012 年 12 月第一次印刷
定价：**15.00** 元
ISBN 978-7-112-15030-4
（23144）

土建类专业教学基本要求审定委员会名单

主　任：吴　泽

副主任：王凤君　袁洪志　徐建平　胡兴福

委　员：（按姓氏笔划排序）

丁夏君　马松雯　王　强　危道军　刘春泽

李　辉　张朝晖　陈锡宝　武　敬　范柳先

季　翔　周兴元　赵　研　贺俊杰　夏清东

高文安　黄兆康　黄春波　银　花　蒋志良

谢社初　裴　杭

出 版 说 明

近年来，土建类高等职业教育迅猛发展。至 2011 年，开办土建类专业的院校达 1130 所，在校生近 95 万人。但是，各院校的土建类专业发展极不平衡，办学条件和办学质量参差不齐，有的院校开办土建类专业，主要是为满足行业企业粗放式发展所带来的巨大人才需求，而不是经过办学方的长远规划、科学论证和科学决策产生的自然结果。部分院校的人才培养质量难以让行业企业满意。这对土建类专业本身的和土建类专业人才的可持续发展，以及服务于行业企业的技术更新和产业升级带来了极大的不利影响。

正是基于上述原因，高职高专教育土建类专业教学指导委员会（以下简称"土建教指委"）遵从"研究、指导、咨询、服务"的工作方针，始终将专业教育标准建设作为一项核心工作来抓。2010 年启动了新一轮专业教育标准的研制，名称定为"专业教学基本要求"。在教育部、住房和城乡建设部的领导下，在土建教指委的统一组织和指导下，由各分指导委员会组织全国不同区域的相关高等职业院校专业带头人和骨干教师分批进行专业教学基本要求的开发。其工作目标是，到 2013 年底，完成《普通高等学校高职高专教育指导性专业目录（试行）》所列 27 个专业的教学基本要求编制，并陆续开发部分目录外专业的教学基本要求。在百余所高等职业院校和近百家相关企业进行了专业人才培养现状和企业人才需求的调研基础上，历经多次专题研讨修改，截至 2012 年 12 月，完成了第一批11 个专业教学基本要求的研制工作。

专业教学基本要求集中体现了土建教指委对本轮专业教育标准的改革思想，主要体现在两个方面：

第一，为了给各院校留出更大的空间，倡导各学校根据自身条件和特色构建校本化的课程体系，各专业教学基本要求只明确了各专业教学内容体系（包括知识体系和技能体系），不再以课程形式提出知识和技能要求，但倡导工学结合、理实一体的课程模式，同时实践教学也应形成由基础训练、综合训练、顶岗实习构成的完整体系。知识体系分为知识领域、知识单元和知识点三个层次。知识单元又分为核心知识单元和选修知识单元。核心知识单元提供的是知识体系的最小集合，是该专业教学中必要的最基本的知识单元；选修知识单元是指不在核心知识单元内的那些知识单元。核心知识单元的选择是最基本的共性的教学要求，选修知识单元的选择体现各校的不同特色。同样，技能体系分为技能领域、技能单元和技能点三个层次组成。技能单元又分为核心技能单元和选修技能单元。核心技能单元是该专业教学中必要的最基本的技能单元；选修技能单元是指不在核心技能单元内的那些技能单元。核心技能单元的选择是最基本的共性的教学要求，选修技能单元的选择体现各校的不同特色。但是，考虑到部分院校的实际教学需求，专业教学基本要求在附录 1《专业教学基本要求实施示例》中给出了课程体系组合示例，可供有关院校参考。

第二，明确提出了各专业校内实训及校内实训基地建设的具体要求（见附录 2），包括：实训项目及其能力目标、实训内容、实训方式、评价方式，校内实训的设备（设施）配置标准和运行管理要求，实训师资的数量和结构要求等。实训项目分为基本实训项目、选择实训项目和拓展实训项目三种类型。基本实训项目是与专业培养目标联系紧密，各院校必须开设，且必须在校内完成的职业能力训练项目；选择实训项目是与专业培养目标联系紧密，各院校必须开设，但可以在校内或校外完成的职业能力训练项目；拓展实训项目是与专业培养目标相联系，体现专业发展特色，可根据各院校实际需要开设的职业能力训练项目。

受土建教指委委托，中国建筑工业出版社负责土建类各专业教学基本要求的出版发行。

土建类各专业教学基本要求是土建教指委委员和参与这项工作的教师集体智慧的结晶，谨此表示衷心的感谢。

高职高专教育土建类专业教学指导委员会

2012 年 12 月

前　言

《高等职业教育楼宇智能化工程技术专业教学基本要求》是根据教育部《关于委托各专业类教学指导委员会制（修）定"高等职业教育专业教学基本要求"的通知》（教职成司函〔2011〕158号）和住房和城乡建设部的有关要求，在高职高专教育土建类专业教学指导委员会的领导下，由建筑设备类专业分指导委员会组织编制完成。

本教学基本要求编制过程中，编制组经过广泛调查研究，吸收了国内外高等职业院校在楼宇智能化工程技术专业建设方面的成功经验，经过广泛征求意见和多次修改的基础上，最后经审查定稿。本要求是高等职业教育楼宇智能化工程技术专业建设的指导性文件。

本教学基本要求主要内容是：专业名称、专业代码、招生对象、学制与学历、就业面向、培养目标与规格、职业证书、教育内容及标准、专业办学基本条件和教学建议、继续专业学习深造建议；包括两个附录："楼宇智能化工程技术专业教学基本要求实施示例"和"楼宇智能化工程技术专业校内实训及校内实训基地建设导则"。

本教学基本要求适用于以普通高中毕业生为招生对象、三年学制的楼宇智能化工程技术专业，教育内容包括知识体系和技能体系，倡导各院校根据自身条件和特色构建校本化的课程体系，课程体系应覆盖本专业教学基本要求知识体系的核心知识单元和技能体系的核心技能单元；倡导工学结合、理实一体的课程模式。

本教学基本要求由高职高专教育土建类专业教学指导委员会建筑设备类专业分指导委员会组织编写，由湖南城建职业技术学院负责具体教学基本要求条文的解释。使用过程中如有意见和建议，请寄送湖南城建职业技术学院（地址：湖南省湘潭市书院路42号，邮编：411101）。

主 编 单 位：湖南城建职业技术学院

参 编 单 位：浙江机电职业技术学院、辽宁建筑职业技术学院

主要起草人员：谢社初　于昆伦　周友初　裴　涛　颜凌云　方忠祥　郭红全

主要审查人员：刘春泽　高文安　王青山　余增元　孙景芝　金湖庭　陈小荣

　　　　　　　温　雯　沈瑞珠　张彦礼　黄　河　孙　毅等

高职高专教育土建类专业教学指导委员会
建筑设备类专业分指导委员会

目 录

1 专业名称 ·· 1

2 专业代码 ·· 1

3 招生对象 ·· 1

4 学制与学历 ·· 1

5 就业面向 ·· 1

6 培养目标与规格 ·· 2

7 职业证书 ·· 4

8 教育内容及标准 ·· 4

9 专业办学基本条件和教学建议 ································ 30

10   继续专业学习深造建议 ····································· 34

附录 1 楼宇智能化工程技术专业教学基本要求实施示例 ············ 35

附录 2 楼宇智能化工程技术专业校内实训及校内实训基地建设导则 ······ 49

高等职业教育楼宇智能化工程技术专业
教学基本要求

1 专业名称

楼宇智能化工程技术

2 专业代码

560404

3 招生对象

普通高中毕业生

4 学制与学历

三年制、专科

5 就业面向

楼宇智能化工程技术专业定位　　　　　　　　　　　　　　　　表1

服务面向		建 筑 行 业
就业领域		建筑设备安装施工企业、建筑消防工程公司、安防工程公司、楼宇智能化系统集成公司、网络工程公司、房地产开发公司、造价咨询公司、建筑设计院、监理公司、物业管理公司、其他相关企事业单位
初始就业岗位	主要职业岗位	消防工程设计与施工、安防工程设计与施工、智能化工程设计与施工、智能小区及智能楼宇管理
	相近职业岗位	建筑设备安装工程预结算、安装工程质量管理、安装工程资料管理、安装工程监理、物业管理、建筑电气设计

服 务 面 向	建 筑 行 业
岗位资格证书 （首次就业岗位）	安装施工员（电气）、质量员、材料员、资料员、楼宇设备运行管理员、安防设计评估师
升迁岗位资格证书	注册建造师（机电工程）、注册电气工程师、物业管理师、网络工程师、监理工程师、电气工程师等相关管理岗位
升迁岗位资格证书 获取时间（最少）	二级注册建造师获取时间 2 年，一级注册建造师获取时间 5 年，其他工程师获取时间 8年

6 培养目标与规格

6.1 培养目标

培养适应社会主义市场经济需要，德、智、体、美等方面全面发展，面向建筑行业，能从事消防工程、安防工程、楼宇智能化工程、建筑供配电工程设计、施工、检测、维护等工作岗位的高级技术技能人才。

6.2 人才培养规格

1. 基本素质要求

思想道德素质：热爱祖国，拥护党的基本路线方针政策；有民主法制观念；有理论联系实际、实事求是的科学态度；有艰苦奋斗、团结合作、实干创新的精神；具备良好的社会公德和职业道德。

文化素质：拥有本专业实际工作所必需的专业文化素质，同时拥有一定的文学、历史、哲学、艺术等人文社会科学方面的文化素质；有较高的文化品位、审美情趣、人文素养和科学素质；较严谨的逻辑思维能力和准确的语言、文字表达能力。

身心素质：具有体育运动基本素质，初步的军事素质，科学锻炼身体，达到国家规定的大学生体育合格标准，具有良好的身体素质；具有积极的竞争意识、较强的自信心和强烈的进取心，良好的心理素质，有宽阔胸怀、坚韧不拔的精神和抗挫折能力。

专业素质：具有较强的质量意识、系统意识、规范意识、环保意识、安全意识；具有开拓精神、创新意识和创业能力；具备技术知识更新的能力和适应不同岗位需求变化的能力。

2. 知识要求

（1）具备本专业所必需的数学、英语、计算机应用知识；

（2）具备电工技术、电子技术的基本理论知识；

（3）具备建筑构造基本知识；

（4）具备智能建筑消防工程、安全防范系统、信息工程与综合布线系统、建筑设备监控系统、建筑供配电与照明工程的系统组成、基本原理、工艺布置知识，并具备相应的设计计算、施工图绘制与识读的基本知识；

（5）具备智能建筑消防工程、安全防范系统、信息工程与综合布线系统、建筑设备监控系统、建筑供配电与照明工程施工验收技术规范、质量评定标准和安全技术规程应用的知识；

（6）具备楼宇智能设备的安装、调试、操作及维护知识；

（7）具备编制安装工程造价及单位工程施工组织设计与施工方案的知识；

（8）具备工程合同、招投标和施工企业管理（含施工项目管理）的基本知识；

（9）了解楼宇智能化工程在国内外的新技术、新材料、新工艺和新设备以及专业发展趋势。

3. 职业能力要求

（1）社会能力

1）具有较强人际交往能力；

2）具有一定的公共关系处理能力；

3）具有一定的语言表达和写作能力；

4）具有劳动组织与专业协调能力；

5）具有良好职业态度、工作责任心、价值观、道德观、身心健康等综合素质。

（2）方法能力

1）具有个人职业生涯规划能力；

2）具有独立学习和继续学习能力；

3）具有较强的决策能力；

4）具有适应职业岗位变化的能力。

（3）专业能力

1）具有阅读一般性专业英语技术资料能力；

2）具有计算机基本操作和应用能力；

3）具有工程制图识图能力；

4）具有中小型建筑工程供配电与照明设计初步能力；

5）具有智能建筑供配电与照明工程施工能力；

6）具有智能建筑弱电系统设计与施工能力；

7）具有建筑智能化系统集成设计与施工能力；

8）具有安装工程施工组织设计与工程管理的初步能力；

9）具有智能楼宇设备的安装、调试、运行、维护与管理能力；

10）具有编制智能化系统工程预结算与参与工程招投标的能力。

4. 职业态度要求

(1) 坚定正确的政治方向，良好的社会公德、职业道德和诚信品质；

(2) 解放思想、实事求是的科学态度；

(3) 爱岗敬业、精益求精、积极向上、勇于创新；

(4) 吃苦耐劳、艰苦奋斗的精神；

(5) 遵纪守法，廉洁奉公；

(6) 严格遵守行业专业规范、标准；

(7) 团结友爱、团队协作。

7 职业证书

计算机应用等级证书，安装工程（电气）施工员、质量员、材料员、资料员、智能楼宇管理员、高级维修电工等职业资格证书；综合布线技术培训证书。

升迁后的职业资格证书有：注册建造师、注册电气工程师、智能楼宇管理师、楼宇自控系统工程师、网络工程师、监理工程师、安防设计评估师、电气工程师、智能化系统工程师。

8 教育内容及标准

8.1 专业教育内容体系框架

推行校企合作、工学结合、顶岗实习的人才培养模式，充分发挥行业（企业）和专业教学指导委员会的作用，按照"专业调研→职业岗位分析→职业能力与素质分析→知识结构分析→拟定专业教育内容体系→专家论证→调整完善"的技术路线构建楼宇智能化工程技术专业教育内容体系。

1. 公共学习领域

公共学习领域包含入学军训教育、大学生心理健康教育、"两课"、体育、大学英语、应用文写作、计算机应用基础以及专业所需的基本素质等相关课程。此学习领域在实施教学时，分阶段、分项目融入到专业学习领域与专业拓展学习领域课程之中。

2. 专业学习领域

根据职业工作流程或典型工作任务划分为系列基于工作过程的学习领域，由具体学习单元构成并实施。

3. 职业拓展学习领域

由专业素质拓展课程和公共拓展课程组成。包括职业生涯规划专题讲座、就业指导专题讲座、专业能力拓展领域、顶岗实习、职业素质拓展（如艺术欣赏、社交礼仪等）。

职业岗位、职业核心能力与知识领域间关系见表2。

职业岗位、职业核心能力与知识领域间关系　表 2

职业岗位	职业核心能力	知识领域
安装工程施工员（电气）	1. 常用工具的使用能力； 2. 高低压柜的安装能力； 3. 动力、照明工程布线施工能力； 4. 火灾自动报警系统设备安装施工能力； 5. 安全防范工程系统安装施工能力； 6. 局域网与综合布线系统施工能力； 7. 通信系统施工能力； 8. 建筑设备系统安装施工能力； 9. 小区与智能家居设备安装施工能力； 10. 编制安装工程施工图预算能力； 11. 编制安装工程施工组织计划能力； 12. 参与招投标以及签订合同的能力； 13. 施工项目组织管理能力； 14. 竣工验收与绘制竣工图能力； 15. 现场管理与资料归档能力； 16. 工程图的识读能力	1. 建筑构造基本知识； 2. 电工与电子技术知识； 3. 安全防范工程技术； 4. 火灾自动报警与消防工程知识； 5. 建筑设备监控系统工程知识； 6. 信息与网络系统知识； 7. 楼宇智能化工程造价与施工管理知识； 8. 建筑供配电与照明技术； 9. 建筑电气控制技术与PLC； 10. 安装工程制图与识图； 11. 建筑电气工程施工
智能楼宇设备管理员	1. 建筑设备操作运行维护管理能力； 2. 智能楼宇设备故障判断处理能力； 3. 楼宇设备基础资料管理能力； 4. 制定维修方案与岗位操作规范能力； 5. 制定楼宇设备运行管理制度能力； 6. 楼宇设备维修、设备更新管理能力； 7. 楼宇设备备品配件管理能力； 8. 编制安装工程施工图预算能力； 9. 楼宇设备工程图、原理图的绘制与识读能力	1. 建筑构造基本知识； 2. 电工与电子技术知识； 3. 安全防范工程技术； 4. 火灾自动报警与消防工程知识； 5. 建筑设备监控系统工程知识； 6. 信息与网络系统知识； 7. 楼宇智能化工程造价与施工管理知识； 8. 建筑供配电与照明技术； 9. 安装工程制图与识图； 10. 建筑电气控制技术与PLC
备注	对应其他岗位的核心能力和知识领域与安装施工员一致，不再单独列出	

8.2　专业教学内容及标准

1. 专业知识、技能体系一览

楼宇智能化工程技术专业知识体系一览　表 3

知识领域	知识单元	知识点
1. 楼宇智能化工程造价	核心知识单元	
	（1）建设工程费用组成	1）工程造价的构成； 2）工程计价的依据； 3）计价工程类别的划分
	（2）楼宇智能化工程消耗量定额	1）楼宇智能化工程预算定额； 2）施工图预算编制步骤； 3）定额计价方式下工程费用的计算

知 识 领 域	知 识 单 元		知 识 点
1. 楼宇智能化工程造价	核心知识单元	（3）楼宇智能化工程量清单计价、工程量清单编制	1）工程量清单计价的编制； 2）工程量清单计价方式下工程费用的计算
		（4）建设工程招标	1）建设工程招标方式及条件； 2）建设工程招标程序及内容
		（5）建设工程投标	1）建设工程投标程序； 2）建设工程投标内容及报价
	选修知识单元	（1）建筑设备工程竣工结算	1）定额计价方式下的竣工结算； 2）工程量清单计价方式下的竣工结算
		（2）建筑设备工程计价软件	1）工程计价软件的主要功能； 2）工程计价软件的基本操作
2. 楼宇智能化工程施工组织管理	核心知识单元	（1）施工准备工作	1）施工图会审； 2）三通一评
		（2）施工管理	1）施工组织管理的工作内容； 2）施工计划管理； 3）施工技术管理； 4）施工质量管理； 5）进度管理； 6）施工安全管理； 7）资料管理
		（3）施工组织	1）建筑安装工程施工组织设计； 2）流水施工的条件与表达形式； 3）流水施工组织及计算； 4）网络计划技术的基本概念； 5）网络计划的表达方式； 6）网络图的绘制
	选修知识单元	（1）工程合同	1）建设工程合同的特征与种类； 2）建设工程合同的管理； 3）建设工程合同的实施与控制
		（2）工程成本控制	1）施工成本的构成； 2）施工成本的控制

知识领域	知识单元	知识单元	知识点
3. 火灾自动报警系统	核心知识单元	（1）火灾自动报警系统设计	1）火灾自动报警系统的结构组成及工作原理； 2）火灾自动报警系统主要设备的性能、型号、标注和主要参数； 3）火灾自动报警系统的工程设计； 4）火灾自动报警系统工程图
		（2）消防灭火系统	1）消防灭火系统的基本原理； 2）消火栓灭火系统的组成、设备及选型； 3）自动喷水灭火系统的类型、组成、设备及选型； 4）气体灭火系统的类型、设备及选型
		（3）消防联动系统设计与施工	1）消火栓系统的联动控制； 2）自动灭火系统的联动控制； 3）防排烟系统的联动控制； 4）其他消防设备的联动控制； 5）消防联动控制系统的安装施工
	选修知识单元	（1）火灾自动报警系统设备检测与调试	1）工程检测设备、仪器与方法； 2）调试的程序与方法
		（2）消防系统故障排查	1）消防系统常见故障； 2）消防系统常见故障分析； 3）消防系统常见故障排除
4. 安全技术防范工程技术	核心知识单元	（1）闭路电视监控系统	1）系统的组成及基本原理； 2）主要设备及工作原理； 3）工程设计与施工图绘制； 4）工程安装施工及验收
		（2）防盗报警系统	1）系统组成及基本原理； 2）常用设备、材料及选择； 3）工程设计与施工图绘制； 4）工程安装施工
		（3）楼宇对讲系统	1）系统组成及基本原理； 2）常用设备、材料及选择； 3）工程设计与施工图绘制； 4）工程安装施工

知识领域	知识单元		知识点
4. 安全技术防范工程技术	核心知识单元	(4) 门禁系统	1) 系统组成及基本原理； 2) 常用设备、材料及选择； 3) 工程设计与施工图绘制； 4) 工程安装施工
		(5) 停车场管理系统	1) 系统组成及基本原理； 2) 常用设备、材料及选择； 3) 工程设计与施工图绘制； 4) 工程安装施工
	选修知识单元	(1) 电子巡更系统	1) 系统组成及基本原理； 2) 常用设备、材料及选择； 3) 工程设计与施工图绘制； 4) 工程安装施工
		(2) 安全防范工程验收	1) 工程验收的条件与程序； 2) 工程验收的方法与要求； 3) 工程验收的资料收集与整理
5. 信息系统与综合布线	核心知识单元	(1) 局域网组网设计与施工	1) 局域网的组成及网络设备选择； 2) 工程设计的方法与步骤； 3) 设备安装施工
		(2) 综合布线系统设计与施工	1) 综合布线系统的组成与标准； 2) 综合布线系统的主要设备、材料； 3) 综合布线系统工程设计； 4) 常用施工工具与仪器； 5) 综合布线系统工程施工； 6) 综合布线系统工程测试与验收
	选修知识单元	用户电话站设计	1) 用户电话站容量计算； 2) 用户电话站设备选择； 3) 用户电话站设备布置与施工图绘制； 4) 用户电话站设备安装施工
6. 建筑设备监控系统	核心知识单元	(1) 建筑设备监控系统的组成及原理	1) 监控系统的监控范围及类型； 2) 集散型监控系统的基本组成及原理； 3) 集散型监控系统的主要设备及选型； 4) 监控系统接线及系统图绘制

知识领域	知识单元		知识点
6. 建筑设备监控系统	核心知识单元	（2）空调系统监控设计	1）监控对象（点）的确定； 2）监控参数的确定； 3）监控系统控制原理图绘制； 4）DDC、传感器、变送器、控制器、执行器等主要设备的选配
		（3）低压配电系统监控设计	1）监控对象（点）的确定； 2）监控参数的确定； 3）监控系统控制原理图绘制； 4）DDC、传感器、变送器、控制器、执行器等主要设备的选配
		（4）电梯系统监控设计	1）监控对象（点）的确定； 2）监控参数的确定； 3）监控系统控制原理图绘制； 4）DDC、传感器、变送器、控制器、执行器等主要设备的选配
		（5）建筑设备监控系统的工程施工	1）工程施工程序与施工条件； 2）施工工艺及要求； 3）工程调试及验收
	选修知识单元	（1）照明系统监控设计	1）监控对象（点）的确定； 2）监控参数的确定； 3）监控系统控制原理图绘制； 4）DDC、传感器、变送器、控制器、执行器等主要设备的选配
		（2）给水系统监控设计	1）监控对象（点）的确定； 2）监控参数的确定； 3）监控系统控制原理图绘制； 4）DDC、传感器、变送器、控制器、执行器等主要设备的选配
		（3）排水系统监控设计	1）监控对象（点）的确定； 2）监控参数的确定； 3）监控系统控制原理图绘制； 4）DDC、传感器、变送器、控制器、执行器等主要设备的选配

知识领域	知识单元		知识点
7. 建筑电气控制技术与PLC	核心知识单元	（1）基本电气控制电路	1）常用低压电器； 2）异步电动机启动； 3）电动机的正反转控制； 4）电动机的制动控制； 5）电动机的顺序控制
		（2）常用建筑电气控制电路应用分析	1）防排烟风机电气控制电路； 2）消防泵电气控制电路； 3）生活给水泵电气控制电路； 4）排污水泵电气控制电路； 5）电梯电气控制电路； 6）制冷与空气调节系统的电气控制电路
		（3）可编程序控制器的原理与应用	1）可编程序控制器的原理及结构特点； 2）可编程序控制器的基本控制指令及应用； 3）步进顺控指令及应用； 4）可编程序控制器应用举例
	选修知识单元	PLC与计算机通信	1）工业通信基本知识介绍； 2）FX系列通信模块介绍
8. 建筑电气工程施工	核心知识单元	（1）常用室内配线	1）线管线槽配线； 2）电气竖井内配线； 3）封闭母线安装； 4）硬母线安装； 5）桥架配线； 6）配线工程检测与验收
		（2）电气照明装置安装	1）照明装置安装； 2）电风扇安装； 3）照明工程检测与验收
		（3）供配电设备安装	1）低压配电电器安装与检测； 2）电动机安装与检测； 3）配电柜（箱）安装与检测； 4）变压器安装与检测
		（4）接地保护装置施工	1）低压配电系统接地形式及特点； 2）等电位接地类型与要求； 3）特殊环境电气装置接地； 4）接地装置安装与测试

知 识 领 域	知 识 单 元		知 识 点
8. 建筑电气工程施工	核心知识单元	(5) 建筑物防雷装置安装	1) 防直击雷装置的安装； 2) 防雷电感应装置的安装； 3) 防高电位侵入装置的安装； 4) 防雷引下线的安装； 5) 防雷接地装置安装； 6) 防雷装置的测试
		(6) 施工现场临时配电	1) 施工现场临时供电方式； 2) 施工现场临时供电负荷的计算； 3) 施工现场供电设施的布置； 4) 施工现场供电设施的安装及要求
	选修知识单元	(1) 室外线路施工	1) 室外架空线路施工； 2) 室外电缆线路施工； 3) 工程交接与验收
		(2) 箱式变电所安装	1) 箱式变电所基础施工； 2) 箱式变电所预埋导管、预埋件安装； 3) 箱式变电所箱体、设备及线路安装； 4) 箱式变电所检测验收
9. 建筑供配电与照明技术	核心知识单元	(1) 变配电系统接线方式设计	1) 电力系统组成、供电电压及供电质量； 2) 电力系统中性点接地方式及特点； 3) 变配电系统常用图例符号； 4) 变配电系统一次接线方式及应用
		(2) 电力负荷的分级与计算	1) 电力负荷的分级； 2) 电力负荷统计与计算； 3) 无功功率补偿
		(3) 高低压电气设备及选择	1) 常用高低压电气设备的种类、特点及主要参数； 2) 常用高低压电气设备选择； 3) 变压器及备用电源选择
		(4) 配电线路	1) 常用电线、电缆型号、特点及应用； 2) 电线电缆的选择及布线； 3) 电线电缆在工程图中的标注
		(5) 建筑电气照明	1) 照明技术的基本概念； 2) 照明的方式、种类及照明标准； 3) 常用电光源与灯具类型及选择； 4) 建筑照明设计； 5) 照明供电及施工图绘制

知识领域	知识单元		知识点
9. 建筑供配电与照明技术	核心知识单元	(6) 建筑防雷与接地	1) 雷电的形成及危害形式； 2) 建筑防雷的分级及防雷措施； 3) 防雷设计； 4) 常用接地的种类及做法
	选修知识单元	(1) 短路电流计算	1) 短路的危害； 2) 三相短路计算； 3) 两相短路计算； 4) 低压线路短路计算
		(2) 10kV 变配电系统继电保护	1) 常用保护继电器； 2) 继电保护装置的接线方式； 3) 继电保护装置的操作电源； 4) 继电保护接线图
10. 建筑智能化系统集成	核心知识单元	(1) 系统集成基本概念	1) 系统集成模式； 2) 系统集成的特点； 3) 系统集成的工作内容
		(2) 建筑智能化系统集成综合方案设计	1) 系统集成设计步骤、范围和内容； 2) 系统集成的技术基础； 3) 系统集成设计目标与原则； 4) 系统集成设计依据； 5) 系统集成初步方案设计与可行性论证
		(3) 建筑智能化系统集成的深化设计	1) IBMS 系统组成的设计； 2) 系统功能深化设计； 3) 系统现场监控点和信息点的设置； 4) 设备与元器件的选择
		(4) 系统集成的网络结构	1) 智能大楼系统集成总体结构； 2) 高速主干网的网络部件与基本结构； 3) 楼层局域网的网络部件与基本结构； 4) 与外界网络的互联
	选修知识单元	网络协议	1) FDDI 协议； 2) ATM 协议

技能领域	技 能 单 元		技 能 点
1. 电气控制实训	核心技能单元	(1) 按钮-接触器基本控制电路安装	1）电气控制器件（断路器、交流接触器、热继电器、熔断器、按钮）安装； 2）电动机单向手动开关控制电路安装； 3）电动机单向接触器控制点动和连续一次线路、二次线路安装； 4）电动机正反转控制一次线路、二次线路安装（电气互锁）； 5）电动机正反转控制一次线路、二次线路安装（机械互锁）； 6）电动机顺序控制一次线路、二次线路安装； 7）电动机行程控制一次线路、二次线路安装
		(2) 可编程控制器常见控制电路安装	1）PLC认知实训； 2）典型电动机控制实操； 3）数码显示控制； 4）彩灯控制； 5）电机顺序控制； 6）四层电梯控制
	选修技能单元	(1) 按钮-接触器控制制动电路安装	1）反接制动控制一次线路、二次线路安装； 2）能耗制动控制一次线路、二次线路安装； 3）电磁制动一次线路、二次线路安装
		(2) 可编程控制器控制电路安装	1）十字路口交通灯控制； 2）水塔水位控制； 3）工业控制模型PLC控制
2. 火灾自动报警与联动控制系统实训	核心技能单元	(1) 火灾自动报警系统安装调试	1）探测器、手报按钮、声光报警器、信号模块、控制模块、消防广播、消防电话等器件认知与安装； 2）报警线路安装； 3）消防报警主机（报警控制器）安装； 4）系统调试

技能领域	技能单元		技能点
2. 火灾自动报警与联动控制系统实训	核心技能单元	(2) 消防联动控制线路及设备安装调试	1) 消防水泵联动控制线路安装； 2) 排烟风口及联动控制线路安装； 3) 排烟风机联动控制线路安装； 4) 防火卷帘联动控制线路安装； 5) 防烟风机联动控制线路安装
	选修技能单元	(1) 气体灭火系统安装调试	1) 气体灭火报警系统线路安装； 2) 报警器件、设备安装； 3) 气体灭火装置、管网安装； 4) 系统调试
		(2) 火灾自动报警与联动控制系统检测	1) 消防系统故障分析； 2) 消防系统故障检测 3) 消防系统故障排除
3. 视频安防监控系统实训	核心技能单元	(1) 视频安防监控系统安装与调试（直接控制方式）	1) 对照施工图列出设备、器件和材料清单并备料； 2) 工具认识及准备； 3) 摄像头、云台、主机等设备安装； 4) 线路安装； 5) 系统检测与调试
		(2) 视频安防监控系统总线控制方式安装与调试	1) 电动云台及摄像机安装； 2) 解码器设备安装； 3) 控制线路安装； 4) 系统检测与调试
	选修技能单元	视频安防监控系统间接控制方式安装与调试	1) 电动云台及摄像机安装； 2) 继电器控制箱安装； 3) 控制线路安装； 4) 系统检测与调试
4. 门禁与可视对讲系统实训	核心技能单元	(1) 可视对讲系统设计	1) 确定设计方案； 2) 设备选型； 3) 画施工图
		(2) 可视对讲系统安装与调试（多线制直通式）	1) 对照施工图列出设备、器件和材料清单并备料； 2) 工具认识及准备； 3) 管理主机、用户机等设备安装； 4) 线路安装； 5) 系统检测与调试

技能领域	技 能 单 元		技 能 点
4. 门禁与可视对讲系统实训	核心技能单元	（3）门禁系统安装与调试	1）对照施工图列出设备、器件和材料清单并备料； 2）工具认识及准备； 3）管理主机、门禁控制器等设备安装； 4）线路安装； 5）系统检测与调试
	选修技能单元	可视对讲系统安装与调试（总线多线制系统）	1）对照施工图列出设备、器件和材料清单并备料； 2）工具认识及准备； 3）管理主机、楼层解码器等设备安装； 4）线路安装； 5）系统检测与调试
5. 入侵报警系统实训	核心技能单元	（1）入侵报警系统设计	1）确定设计方案； 2）设备选型； 3）画施工图
		（2）入侵报警系统安装与调试（磁控开关式入侵报警器）	1）对照施工图列出设备、器件和材料清单并备料； 2）工具认识及准备； 3）门磁开关和报警主机设备安装； 4）线路安装； 5）系统调试
		（3）入侵报警系统安装与调试（主动红外入侵探测器）	1）对照施工图列出设备、器件和材料清单并备料； 2）工具认识及准备； 3）探测器和主机设备安装； 4）线路安装； 5）系统调试
	选修技能单元	（1）入侵报警系统安装与调试（被动红外入侵探测器）	1）对照施工图列出设备、器件和材料清单并备料； 2）工具认识及准备； 3）探测器和主机设备安装； 4）线路安装； 5）系统调试
		（2）入侵报警系统安装与调试（微波-被动红外双鉴入侵探测器）	1）对照施工图列出设备、器件和材料清单并备料； 2）工具认识及准备； 3）探测器和主机设备安装； 4）线路安装； 5）系统调试

技能领域	技能单元		技能点
6. 综合布线实训	核心技能单元	(1) 110型配线架连接与信息插座的端接	1) 工具、设备、器件、仪器认识及准备； 2) 110型配线架安装； 3) 信息插座安装； 4) 双绞线与110型配线架连接； 5) 双绞线信息插座端接； 6) 线路验证测试
		(2) 光纤的熔接	1) 工具、熔接设备、光纤认识及准备； 2) 光纤的熔接
	选修技能单元	(1) 电缆传输通道基本链路认证测试	1) 仪器设备、器件认识及准备； 2) 确定认证测试项目； 3) 测试线路连接； 4) 接线图测试、链路长度测试、衰减测试、近端串音测试； 5) 参数记录
		(2) 光纤的拼接与现场端接	1) 工具、设备、光纤、器件认识及准备； 2) 光纤的拼接； 3) 光纤（ST型）端接
		(3) 光纤传输通道测试	1) 仪器设备、器件认识及准备； 2) 绘制光纤传输通道测试连接图； 3) 学习光纤测试仪的操作； 4) 光纤链路损耗测试； 5) 填写测试记录单
7. 建筑设备监控系统实训	核心技能单元	(1) 建筑设备监控系统设计	1) 确定设计方案； 2) 设备选型； 3) 绘制建筑设备监控系统图
		(2) 空调冷冻系统监控安装与调试	1) 绘制空调冷冻系统监控系统图； 2) 对照系统图列出所需设备、器件和材料清单并备料； 3) 传感器、变送器、电动阀、水流开关、控制器等设备安装； 4) 线路连接； 5) 参数确定及编制程序； 6) 线路检测与调试； 7) 通电模拟运行

技 能 领 域	技 能 单 元	技 能 点
7. 建筑设备监控系统实训	选修技能单元	其他子系统（供配电、照明、给水排水、电梯）监控安装与调试（根据学校设备情况任选）	1）绘制监控系统图； 2）列出设备、器件和材料清单并备料； 3）设备器件安装； 4）线路连接； 5）参数确定及编制程序； 6）线路检测与调试； 7）通电模拟运行
8. 楼宇智能化工程施工组织与管理实训	核心技能单元	楼宇智能化工程施工组织设计（给出一实际工程，进行施工组织设计）	1）楼宇智能化工程施工组织设计编制； 2）楼宇智能化工程施工管理文件编制； 3）楼宇智能化工程网络计划编制； 4）楼宇智能化工程施工进度、质量管理文件编制
9. 楼宇智能化工程造价实训	核心技能单元	编制楼宇智能化工程造价（给出一具体工程项目施工图，进行工程造价计算）	1）工程量计算； 2）定额查找； 3）规费计算； 4）工程造价计算

2. 核心知识单元、技能单元教学要求

（1）核心知识单元教学要求见表5～表14。

楼宇智能化工程造价知识单元教学要求　　　　　　　表5

单元名称	楼宇智能化工程造价	最低学时	30 学时
教学目标	1. 熟悉建设工程费用的组成； 2. 掌握楼宇智能化工程费用定额的应用； 3. 掌握楼宇智能化工程量清单计价方法、工程量清单编制方法； 4. 熟悉招标文件的编制； 5. 掌握投标文件的编制； 6. 熟悉开标程序和评标方法		
教学内容	1. 建设工程费用组成 直接费、间接费、税金。 2. 楼宇智能化工程消耗量定额 楼宇智能化安装工程消耗量定额、楼宇智能化安装工程费用定额。 3. 楼宇智能化工程量清单计价、工程量清单编制 分部分项工程量清单计价、措施项目清单计价、其他项目清单计价。 分部分项工程量清单编制、措施项目清单编制、其他项目清单编制。 4. 招标与投标 招标条件、招标公告内容、招标文件内容、招标控制价、投标文件的编制、投标报价的确定、开标程序、评标标准与方法、中标通知、合同谈判与签订		
教学方法建议	项目教学法、案例教学法		
考核评价要求	1. 考评依据：课堂提问、作业成绩和测试成绩； 2. 考评标准：知识的掌握程度		

单元名称	楼宇智能化工程施工组织与管理	最低学时	20 学时
教学目标	1. 熟悉施工准备工作； 2. 掌握流水施工原理； 3. 掌握网络计划的编制； 4. 掌握施工组织设计方法； 5. 掌握楼宇智能化工程施工中技术管理、质量管理、进度管理的内容及实施； 6. 熟悉安装工程安全管理、资料管理的内容及实施		
教学内容	1. 施工准备工作 施工图会审、三通一平工作。 2. 流水施工 顺序施工法、平行施工法、流水施工法。 3. 网络计划 单代号网络法、双代号网络法。 4. 施工组织设计 施工方案、施工进度计划、劳动力安排计划、物资提供计划、施工总平面图。 5. 施工管理 计划管理、技术管理、质量管理、进度管理、安全管理、资料管理		
教学方法建议	项目教学法、案例教学法		
考核评价要求	1. 考评依据：课堂提问、作业成绩和测试成绩； 2. 考评标准：知识的掌握程度		

火灾自动报警系统知识单元教学要求　　　　表7

单元名称	火灾自动报警系统	最低学时	50 学时
教学目标	1. 熟悉火灾自动报警系统的结构组成与工作原理； 2. 熟悉火灾自动报警与消防联动控制系统的器件及设备； 3. 了解消防灭火系统的分类、组成及基本原理； 4. 掌握火灾自动报警系统设计； 5. 掌握消防联动控制系统设计		
教学内容	1. 火灾自动报警系统的结构组成与工作原理 火灾的形成、现代消防系统的功能与组成、建筑物防火分类、火灾自动报警系统的基本组成及原理、相关的设计规范。 2. 熟悉火灾自动报警与消防联动控制系统的器件及设备 火灾探测器的分类、构造及原理、型号、标注和主要参数，手动报警按钮、消火栓报警按钮、现场模块、警报装置、火灾显示装置、短路隔离器的作用、工作原理、型号、标注和主要参数，火灾报警控制器的类型、功能、型号、标注和主要参数。		

单元名称	火灾自动报警系统	最低学时	50 学时
教学内容	3. 消防灭火系统的分类、组成及基本原理 灭火与减灾系统的分类，消火栓灭火系统、自动喷淋灭火系统、气体灭火系统的组成、主要设备及灭火原理，防烟排烟系统、火灾应急照明系统、消防广播系统、消防专用电话系统、防火卷帘、电梯、切断非消防电源的作用、系统组成、主要设备、工作原理。 4. 火灾自动报警系统工程设计 火灾自动报警系统保护对象分级，火灾探测器的设置部位，探测区域和报警区域的划分，系统形式确定，系统设备选型及布置，火灾自动报警平面图、系统图绘制。 5. 消防联动控制系统的设计 消火栓灭火系统的联动控制设计、自动喷淋灭火系统的联动控制设计、气体灭火系统的联动控制设计、其他防灾与减灾系统的联动控制设计		
教学方法建议	项目教学法、案例教学法		
考核评价要求	1. 考评依据：课堂提问、作业成绩和测试成绩； 2. 考评标准：知识的掌握程度		

安全技术防范系统知识单元教学要求　　　　表 8

单元名称	安全技术防范系统	最低学时	40 学时
教学目标	1. 了解安防系统的分类、组成、原理； 2. 熟悉各类安防系统主要设备及工作原理； 3. 掌握安防系统工程设计方法； 4. 掌握系统的施工及验收		
教学内容	1. 安防系统的分类、组成、原理 闭路电视监控系统、门禁系统、防盗报警系统、停车场管理系统、电子巡更系统的组成及其基本原理。 2. 安防系统主要设备及工作原理 闭路电视监控系统、门禁系统、防盗报警系统、停车场管理系统、电子巡更系统的主要设备及工作原理。 3. 安防系统工程设计 闭路电视监控系统、门禁系统的工程设计、防盗报警系统的工程设计、停车场管理系统、电子巡更系统的工程设计。 4. 掌握系统的施工及验收 闭路电视监控系统、门禁系统、防盗报警系统、停车场管理系统、电子巡更系统的施工程序、安装与调试及验收		
教学方法建议	项目教学法、案例教学法		
考核评价要求	1. 考评依据：课堂提问、作业成绩和测试成绩； 2. 考评标准：知识的掌握程度		

单元名称	信息系统与综合布线	最低学时	50 学时
教学目标	1. 了解局域网、电视电话系统、综合布线系统的组成； 2. 掌握局域网拓扑结构的设计方法； 3. 掌握局域网设备、材料的选型、安装、连接及调试方法； 4. 掌握电话系统的设计方法； 5. 掌握电视系统的设计方法； 6. 掌握综合布线系统的设计方法； 7. 掌握综合布线系统设备、材料的选型、安装、连接及测试方法		
教学内容	1. 局域网系统的设计与施工 局域网的常见拓扑结构，局域网常用的硬件设备的种类、性能与用途，机房设备布置、布线，系统设备的选择，局域网拓扑结构的设计，局域网设备安装、连接及调试。 2. 电话系统设计与施工 电话通信系统的基本组成，电话系统常用设备、材料的种类、性能及用途，电话系统接线方式，电话系统施工图设计，电话系统施工规范及要求。 3. 电视系统设计与施工 电视系统的基本组成与分类，电视系统常用设备、材料的种类、性能及用途，电视系统接线方式，电视系统施工图设计，电视系统施工规范及要求。 4. 综合布线系统的设计 综合布线系统的基本组成，综合布线系统常用设备、材料的种类、性能及用途，综合布线系统设计，综合布线系统施工图绘制，电缆传输通道与光缆传输通道的施工，综合布线工程测试方法及验收		
教学方法建议	项目教学法、案例教学法		
考核评价要求	1. 考评依据：课堂提问、作业成绩和测试成绩； 2. 考评标准：知识的掌握程度		

建筑设备监控系统知识单元教学要求　　表10

单元名称	建筑设备监控系统	最低学时	理论 40 学时
教学目标	1. 了解建筑设备各监控系统的组成原理及功能； 2. 熟悉典型的智能建筑系统集成平台及产品； 3. 掌握建筑设备监控系统设备选择； 4. 掌握建筑智能化系统集成方案设计； 5. 掌握建筑设备监控系统施工安装和调试		

单元名称	建筑设备监控系统	最低学时	理论 40 学时
教学内容	1. 建筑设备监控系统（BA）设计 BA 系统控制原理及常用设备，控制线路的结构及基本原理，楼宇设备自动化系统集成基础知识，建筑设备监控系统方案设计，建筑设备监控系统设备、材料型号及参数选择，楼宇设备自动化系统施工图。 2. 建筑设备监控（BA）系统施工 建筑设备监控系统的施工规范及其要求，建筑设备监控系统施工常用工具、仪器、常用材料及配件的选用，建筑设备监控系统综合安装施工技术，建筑设备监控系统工程测试方法及验收。		
教学方法建议	项目教学法、案例教学法		
考核评价要求	1. 考评依据：课堂提问、作业成绩和测试成绩； 2. 考评标准：知识的掌握程度		

建筑电气控制技术与 PLC 知识单元教学要求　　　　　表 11

单元名称	建筑电气控制技术与 PLC	最低学时	30 学时
教学目标	1. 熟悉常用低压电器的种类、用途及原理； 2. 掌握基本电气控制电路结构及工作原理； 3. 掌握常用建筑电气控制电路应用分析； 4. 掌握可编程序控制器的原理与应用		
教学内容	1. 基本电气控制电路 常用低压电器，异步电动机启动，电动机的正反转控制，电动机的制动控制，电动机的顺序控制。 2. 常用建筑电气控制电路应用分析 防排烟风机电气控制电路，消防泵电气控制电路，生活给水泵电气控制电路，排污水泵电气控制电路，电梯电气控制电路，制冷与空气调节系统电气控制电路。 3. 可编程序控制器的原理与应用 可编程序控制器的原理及结构特点，可编程序控制器的基本控制指令及应用，步进顺控指令及应用，可编程序控制器应用举例		
教学方法建议	项目教学法、现场教学法、案例教学法		
考核评价要求	1. 考评依据：课堂提问、作业成绩、实训操作成绩和测试成绩； 2. 考评标准：知识的掌握程度		

单元名称	建筑电气工程施工	最低学时	30 学时
教学目标	1. 掌握常用室内配线方式及要求； 2. 掌握电气照明装置安装方法及要求； 3. 掌握供配电设备安装方法及要求； 4. 掌握接地保护装置施工做法及要求； 5. 掌握建筑物防雷装置安装做法及要求； 6. 掌握施工现场临时配电的施工及要求		
教学内容	1. 常用室内配线 线管线槽配线，电气竖井内配线，封闭母线安装，硬母线安装，桥架配线，配线工程检测与验收。 2. 电气照明装置安装 照明灯具及开关安装，电风扇安装，插座安装，照明工程检测与验收。 3. 供配电设备安装 低压配电电器安装与检测，电动机安装与检测，配电柜（箱）安装与检测，变压器安装与检测。 4. 接地保护装置施工 低压配电系统接地形式及特点，等电位接地类型与要求，特殊环境电气装置接地，接地装置安装与测试。 5. 建筑物防雷装置安装 防直击雷装置的安装，防雷电感应装置的安装，防高电位侵入装置的安装，防雷引下线的安装，防雷接地装置的安装，防雷装置的测试。 6. 施工现场临时配电 施工现场临时供电方式，施工现场临时供电负荷的计算，施工现场供电设施的布置，施工现场供电设施的安装及要求		
教学方法建议	项目教学法、现场教学法、案例教学法		
考核评价要求	1. 考评依据：课堂提问、作业成绩、实训成绩和测试成绩； 2. 考评标准：知识的掌握程度		

单元名称	建筑供配电与照明技术	最低学时	50 学时
教学目标	1. 熟悉变配电系统接线方式及特点； 2. 掌握电力负荷的分级与计算方法； 3. 掌握高低压电气设备的种类、用途、特点、主要参数及选择； 4. 掌握电线电缆种类、型号、特点及选择； 5. 掌握照明光源灯具的种类、特点及选择； 6. 掌握照明的方式、种类、照明标准及照明设计方法； 7. 掌握建筑防雷分级、防雷措施、防雷设计方法； 8. 掌握常用接地的种类及做法		

单元名称	建筑供配电与照明技术	最低学时	50 学时
教学内容	1. 变配电系统接线方式及特点 电力系统组成、供电电压及供电质量，电力系统中性点接地方式及特点，变配电系统常用图例符号，变配电系统一次接线方式及应用。 2. 电力负荷的分级与计算 电力负荷的分级，电力负荷统计与计算，无功功率补偿。 3. 高低压电气设备 常用高低压电气设备种类、特点及主要参数，常用高低压电气设备选择，变压器及备用电源选择。 4. 电线电缆 常用电线、电缆型号、特点及应用，电线电缆的选择及布线，电线电缆在工程图中的标注。 5. 建筑电气照明 照明技术的基本概念，照明的方式、种类及照明标准，常用电光源与灯具类型及选择，建筑照明设计，照明供电及施工图绘制。 6. 掌握建筑防雷与接地 雷电的形成及危害形式，建筑防雷的分级及防雷措施，防雷设计及防雷施工图，常用接地的种类及做法		
教学方法建议	项目教学法、案例教学法		
考核评价要求	1. 考评依据：课堂提问、作业成绩、设计实训成绩和测试成绩； 2. 考评标准：知识的掌握程度		

建筑智能化系统集成知识单元教学要求　　　　　　　　　　　　表 14

单元名称	建筑智能化系统集成	最低学时	24 学时
教学目标	1. 了解系统集成基本概念； 2. 熟悉建筑智能化系统集成综合方案设计； 3. 熟悉建筑智能化系统集成的深化设计； 4. 掌握系统集成的网络结构； 5. 了解网络协议		
教学内容	1. 系统集成基本概念 系统集成模式，系统集成的特点，系统集成的工作内容。 2. 建筑智能化系统集成综合方案设计 系统集成设计步骤、范围和内容，系统集成的技术基础，系统集成设计目标与原则，系统集成设计依据，系统集成初步方案设计与可行性论证。 3. 建筑智能化系统集成的深化设计 IBMS 系统组成的设计，系统功能深化设计，系统现场监控点和信息点的设置，设备与元器件的选择。 4. 系统集成的网络结构 智能大楼系统集成总体结构，高速主干网的网络部件与基本结构，楼层局域网的网络部件与基本结构，与外界网络的互联。 5. 网络协议 FDDI 协议，ATM 协议		
教学方法建议	项目教学法、案例教学法		
考核评价要求	1. 考评依据：课堂提问、作业成绩、设计实训成绩和测试成绩； 2. 考评标准：知识的掌握程度		

（2）核心技能单元教学要求见表15～表23。

电气控制实训技能单元教学要求

表 15

单元名称	电气控制实训	最低学时	30学时
教学目标	专业能力： 1. 按钮—接触器基本控制电路安装能力； 2. 可编程控制器常见控制电路安装能力。 方法能力： 培养学生分析问题，解决问题的能力。 社会能力： 1. 严谨的工作作风、实事求是的工作态度； 2. 团队合作的能力		
教学内容	1. 按钮—接触器基本控制电路安装 电气控制器件（断路器、交流接触器、热继电器、熔断器、按钮）安装，电动机单向接触器控制点动和连续控制线路安装，电动机正反转控制线路安装（电气互锁），电动机正反转控制线路安装（机械互锁），电动机顺序控制线路安装，电动机行程控制线路安装。 2. 可编程控制器常见控制电路安装 PLC认知实训，典型电动机控制实操，数码显示控制，彩灯控制，电机顺序控制，电梯控制		
教学方法建议	案例教学法、项目教学法		
教学场所要求	校内电机拖动与控制实训室（不小于150m²）		
考核评价要求	过程考核40%，知识考核30%，结果考核30%		

火灾自动报警与联动控制系统实训技能单元教学要求

表 16

单元名称	火灾自动报警与联动控制系统实训	最低学时	30学时
教学目标	专业能力： 1. 火灾自动报警系统安装能力； 2. 火灾自动报警系统检测与调试能力； 3. 消防联动控制线路及设备安装能力； 4. 消防联动控制线路及设备检测与调试能力。 方法能力： 培养学生分析问题、解决问题的能力。 社会能力： 1. 严谨的工作作风、实事求是的工作态度； 2. 团队合作的能力		

单元名称	火灾自动报警与联动控制系统实训	最低学时	30 学时
教学内容	1. 火灾自动报警系统安装与调试 探测器、手报按钮、声光报警器、信号模块、控制模块、消防广播、消防电话等器件认知与安装，报警线路安装，火灾报警控制器安装，系统调试。 2. 消防联动控制系统安装与调试 消火栓系统联动控制线路安装，自动喷淋灭火系统联动控制线路安装，排烟风口联动控制线路安装，防烟排烟风机联动控制线路安装，防火卷帘联动控制线路安装，系统调试		
教学方法建议	案例教学法、项目教学法		
教学场所要求	校内火灾自动报警与消防实训室（不小于150m²）		
考核评价要求	过程考核40%，知识考核30%，结果考核30%		

视频安防监控系统实训技能单元教学要求　　　　　　　　　　表 17

单元名称	视频安防监控系统实训	最低学时	12 学时
教学目标	专业能力： 1. 视频安防监控系统（直接控制方式）安装与调试能力； 2. 视频安防监控系统总线控制方式安装与调试能力。 方法能力： 培养学生分析问题、解决问题的能力。 社会能力： 1. 严谨的工作作风、实事求是的工作态度； 2. 团队合作的能力		
教学内容	1. 视频安防监控系统（直接控制方式）安装与调试 对照施工图列出设备、器件和材料清单，工具认识及准备，摄像头、云台、主机等设备安装，线路安装，系统调试。 2. 视频安防监控系统总线控制方式安装与调试 对照施工图列出设备、器件和材料清单，电动云台及摄像机安装，解码器设备安装，控制线路安装，系统检测与调试		
教学方法建议	案例教学法、项目教学法		
教学场所要求	校内安防工程实训室（不小于120m²）		
考核评价要求	过程考核40%，知识考核30%，结果考核30%		

门禁与可视对讲系统实训技能单元教学要求　　　　　　　　　　　　**表 18**

单元名称	门禁与可视对讲系统实训	最低学时	12 学时
教学目标	专业能力： 1. 可视对讲系统设计制图能力； 2. 可视对讲系统安装与调试能力； 3. 门禁系统安装与调试能力。 方法能力： 培养学生分析问题、解决问题的能力。 社会能力： 1. 严谨的工作作风、实事求是的工作态度； 2. 团队合作的能力		
教学内容	1. 可视对讲系统设计制图 确定设计方案，设备选型，绘制施工图。 2. 可视对讲系统安装与调试 对照施工图列出设备、器件和材料清单并备料，工具认识及准备，管理主机、用户机等设备安装，线路安装，系统检测与调试。 3. 门禁系统安装与调试 对照施工图列出设备、器件和材料清单并备料，工具认识及准备，管理主机、门禁控制器等设备安装，线路安装，系统检测与调试		
教学方法建议	案例教学法、项目教学法		
教学场所要求	校内安防工程实训室（不小于 120m²）		
考核评价要求	过程考核 40%，知识考核 30%，结果考核 30%		

入侵报警系统实训技能单元教学要求　　　　　　　　　　　　**表 19**

单元名称	入侵报警系统实训	最低学时	12 学时
教学目标	专业能力： 1. 入侵报警系统设计制图能力； 2. 入侵报警系统（磁控开关式入侵报警器）安装与调试能力； 3. 入侵报警系统（主动红外入侵探测器）安装与调试能力。 方法能力： 培养学生分析问题、解决问题的能力 社会能力： 1. 严谨的工作作风、实事求是的工作态度； 2. 团队合作的能力		
教学内容	1. 入侵报警系统设计制图 确定设计方案，设备选型，绘制施工图。 2. 入侵报警系统（磁控开关式入侵报警器）安装与调试 对照施工图列出设备、器件和材料清单并备料，工具认识及准备，门磁开关和报警主机设备安装，线路安装，系统调试。 3. 入侵报警系统（主动红外入侵探测器）安装与调试 对照施工图列出设备、器件和材料清单并备料，工具认识及准备，探测器和主机设备安装，线路安装，系统调试		
教学方法建议	案例教学法、项目教学法		
教学场所要求	校内安防工程实训室（不小于 120m²）		
考核评价要求	过程考核 40%，知识考核 30%，结果考核 30%		

单元名称	综合布线实训	最低学时	30 学时
教学目标	专业能力： 1. 110 型配线架安装与连接能力； 2. 信息插座的端接能力； 3. 光纤的熔接能力； 4. 电缆传输通道验证测试能力； 5. 计算机网络系统安装调试能力。 方法能力： 培养学生分析问题、解决问题的能力。 社会能力： 1. 严谨的工作作风、实事求是的工作态度； 2. 团队合作的能力		
教学内容	1. 电缆传输通道施工 工具、设备、器件、仪器认识及准备，110 型配线架安装，信息插座安装，双绞线与 110 型配线架连接，双绞线信息插座端接，线路验证测试。 2. 光纤的熔接 工具、熔接设备、光纤认识及准备，光纤的熔接。 3. 计算机网络系统安装调试 网络交换机安装及接线，HUB 集线器安装及接线，系统调试		
教学方法建议	案例教学法、项目教学法		
教学场所要求	校内通信网络与综合布线实训室（不小于 120m²）		
考核评价要求	过程考核 40％，知识考核 30％，结果考核 30％		

单元名称	建筑设备监控系统实训	最低学时	30 学时
教学目标	专业能力： 1. 建筑设备监控系统设计能力； 2. 空调冷冻系统监控安装与调试能力。 方法能力： 培养学生分析问题、解决问题的能力。 社会能力： 1. 严谨的工作作风、实事求是的工作态度； 2. 团队合作的能力		

单元名称	建筑设备监控系统实训	最低学时	30 学时
教学内容	1. 建筑设备监控系统设计 确定设计方案，设备选型，绘制建筑设备监控系统图。 2. 空调冷冻系统监控安装与调试 绘制空调冷冻系统监控系统图，对照系统图列出所需设备、器件和材料清单并备料，传感器、变送器、电动阀、水流开关、控制器等设备安装，线路连接，参数确定及编制程序，线路检测与调试，通电模拟运行		
教学方法建议	案例教学法、项目教学法		
教学场所要求	校内建筑设备监控实训室（不小于 200m²）		
考核评价要求	过程考核 40%，知识考核 30%，结果考核 30%		

楼宇智能化工程造价技能单元教学要求　　　　表 22

单元名称	楼宇智能化工程造价	最低学时	30 学时
教学目标	专业能力： 1. 能够正确应用预算定额、费用定额等工程定额； 2. 具有编制工程量清单的能力； 3. 具有工程量清单计价的能力； 4. 具有运用工程造价知识进行工程成本分析及成本控制的能力。 方法能力： 培养学生分析问题、解决问题的能力。 社会能力： 1. 严谨的工作作风、实事求是的工作态度； 2. 团队合作的能力		
教学内容	编制楼宇智能化工程造价： 工程量计算，定额查找，规费计算，工程造价计算		
教学方法建议	案例教学法、项目教学法		
教学场所要求	校内工程造价实训室（不小于 70m²）		
考核评价要求	过程考核 40%，知识考核 30%，结果考核 30%		

楼宇智能化工程施工组织与管理技能单元教学要求 表 23

单元名称	楼宇智能化工程施工组织与管理	最低学时	30 学时
教学目标	专业能力： 1. 具有楼宇智能化工程施工组织设计编制能力； 2. 具有楼宇智能化工程施工管理文件编制能力； 3. 具有楼宇智能化工程网络计划编制能力； 4. 具有楼宇智能化工程进度、质量管理文件编制能力。 方法能力： 培养学生分析问题、解决问题的能力。 社会能力： 1. 严谨的工作作风、实事求是的工作态度； 2. 团队合作的能力		
教学内容	1. 楼宇智能化工程施工组织设计编制； 2. 楼宇智能化工程施工管理文件编制； 3. 楼宇智能化工程网络计划编制； 4. 楼宇智能化工程施工进度、质量管理文件编制		
教学方法建议	案例教学法、项目教学法		
教学场所要求	校内楼宇智能化工程施工组织与管理实训室（不小于 70m²）		
考核评价要求	过程考核 40%，知识考核 30%，结果考核 30%		

3. 课程体系构建的原则要求

课程教学包括基础理论教学和实践技能教学。课程可以按知识、技能领域进行设置，也可以由若干个知识、技能领域构成一门课程，还可以从各知识、技能领域中抽取相关的知识单元组成课程，但最后形成的课程体系应覆盖知识、技能体系的知识单元，尤其是核心知识、技能单元。

专业课程体系由核心课程和选修课程组成，核心课程应该覆盖知识、技能体系中的全部核心单元。同时，各院校可选择一些选修知识、技能单元和反映学校特色的知识、技能单元构建选修课程。

倡导工学结合、理实一体的课程模式，但实践教学也应形成由基础训练、综合训练、顶岗实习构成的完整体系。课程体系的构建应具有如下原则：

（1）以就业为导向、以能力为本位的思想；

（2）理论知识够用为度、应用知识为主的原则；

（3）体现校企合作、工学结合的原则；

（4）建立突出职业能力培养的课程标准，规范课程教学的原则；

（5）构建理实一体的课程模式原则；

（6）实践教学体系由基础训练、综合训练、顶岗实习递进式构建原则。

9 专业办学基本条件和教学建议

9.1 专业教学团队

1. 专业带头人

专业带头人1~2名，本专业或相关专业毕业、具有本科及以上学历（中青年教师应具有硕士及以上学历）、具有副高级及以上职称，具有较强的本专业工程设计、施工及管理能力，具有中级及以上工程系列职称或国家注册执业资格证书。

2. 师资数量

本专业生师比不大于18:1，主要专业专任教师不少于5人，其中智能建筑弱电类专业教师不少于1人，仪器仪表或电气自动化类专业教师不少于1人，给水排水专业教师不少于1人，建筑环境与设备工程专业教师不少于1人，计算机网络类专业教师不少于1人；本专业实训教师不少于2人。

3. 师资水平及结构

专任专业教师应具备本专业或相近专业大学本科及以上学历，教师中研究生学历或硕士及以上学位比例应达到15%，专任实训教师应具备楼宇智能化专业或相近专业专科以上学历、中级以上的职业资格证书或中级及以上工程职称证书；本专业专任专业教师"双师"素质（具备相关专业职业资格证书或企业工作经历）的比例达到60%以上；具有中级职称的专业教师占专业教师总数的比例不应少于50%，具有副高及以上职称的专业教师占专业教师总数的比例不应少于30%，并不少于3人。兼职专业教师除满足本科学历条件外，还应具备5年以上的实践经验，应具备楼宇智能化专业或相近专业中级以上专业技术职称或高级职业资格证书；兼职教师承担的专业课程及学时比例不低于35%。

9.2 教学设施

1. 校内实训条件

校内实训条件要求见表24。

楼宇智能化工程技术专业校内实训条件要求 表24

实训室名称	实践教学项目	主要设备、设施名称与数量	实训室（场地）面积（m²）	备注
电工实训室	导线连接、照明线路安装、灯具安装、电表箱安装、开关、插座安装、电风扇安装、接地电阻测量、电动机检修	操作工位20个（每个工位供2人一组使用）、接地电阻测量仪20台、钳形电流表20台、兆欧表20台、万用表20台、电锤20把、手电钻20把，套筒扳手5套、液压钳5把、电工工具20套（起子、电工刀、验电笔、扳手、尖嘴钳、剪丝钳、手锤等）	120	

实训室名称	实践教学项目	主要设备、设施名称与数量	实训室（场地）面积（m²）	备注
电气控制实训室	可进行电动机各种启动控制操作实训	操作台工位40个，电动机40台，软启动柜10个、自耦降压启动器柜10个、变频控制柜10个、控制柜10个、双速电动机与控制柜10套、电工工具40套	150	
电工电子实验室	直流电路实验，单相交流电路实验，磁路自感、互感与变压器实验，模拟电子技术实验，数字电子技术实验等	成套试验台40台、示波器40台	150	
可编程控制实训室	PLC编程、PLC控制系统连接、PLC实时控制	成套实训设备25套、电脑25台	100	
通信网络与综合布线实训室	水晶头制作、信息插座安装、光纤熔接、光纤、双绞线线路安装、线路测试、局域网组建	机柜20个、电脑20台、网络交换机20台、程控电话交换机10台、综合布线操作台20个、光纤熔接机2台、光纤损耗测试仪器2台、光纤故障定位仪2台、光纤、双绞线测试仪2台、简易双绞线测试仪20台、排刀冲压工具20个、单刀冲压工具20个、网线钳20把	120	
建筑设备监控系统实训室	建筑智能化集成系统的操作调试，建筑设备监控系统的安装调试（信号线路安装、传感器安装调试、传送设备器件安装调试、控制设备安装调试）	楼宇机电设备综合自动化系统实训装置	150	
火灾自动报警与消防实训室	消防报警系统线路安装、器件安装、报警器件编码、调试、验收，消防联动控制系统安装调试、验收，消防广播系统的安装调试，消防电话系统安装调试	消防报警与联动控制系统1套，系统包括立式主机1台、广播系统1套、电话系统1套、感烟探测器15个、感温探测器5个、红外线探测器2个、信号模块5个、控制模块4个、隔离模块2个、手报钮4个、消火栓按钮4个、水泵2台（包括控制柜）、风机2台（包括控制柜）、电控风口4个、电话4台、广播4台。完整的消防报警与联动控制系统在实训室现场安装完成。自动喷淋系统1套	150	
安全防范工程技术实训室	周界防范系统安装与调试，闭路电视监控系统安装与调试，门禁与可视对讲系统安装与调试，室内安防系统安装与调试，停车场管理系统的安装与调试	闭路电视监控系统1套、门禁对讲与室内安防系统1套、停车场管理系统1套、周界防范系统1套、室内安防系统1套	120	

2. 校外实训基地的基本要求

（1）楼宇智能化工程技术专业校外实训基地应建立在二级及以上资质的房屋建筑工程施工总承包或专业承包企业。

（2）校外实训基地应能提供与本专业培养目标相适应的职业岗位，并宜对学生实施轮岗、顶岗实训。

（3）校外实训基地应具备符合学生实训的场所和设施，具备必要的学习及生活条件，并配置专业人员指导学生实训。

校外实训基地要求见表 25。

表 25

楼宇智能化工程技术专业校外实训基地要求

单位类别	需要数量	实训内容	要求
消防工程公司	2 个	消防工程安装生产实习	对于不属于专业公司的房屋建筑工程施工总承包企业应具备相应的专业施工资质。校外实训基地总数不少于 10 家。应满足专业实践教学、技能训练、轮岗或顶岗实训的要求
建筑设备安装公司	2 个	建筑设备安装生产实习	
信息网络工程公司	2 个	通信与网络工程生产实习	
楼宇智能化公司	2 个	建筑设备监控与智能化系统集成生产实习	
安防工程公司	2 个	安全防范工程生产实习	

3. 楼宇智能工程技术专业信息网络教学条件

建成 1000M 主干和 10M 到桌面的校园网（最好按数字化校园标准建设），校园网以宽带接入方式连接互联网，进入所有办公室、教室和学生寝室；理论课教室、实训室均应配置多媒体设备；教学用计算机每 100 学生拥有 20 台以上。

9.3 教材及图书、数字化（网络）资料等学习资源

1. 教材

所有使用教材均应是国家或行业规划高职高专教材或校本教材。

2. 图书及数字化资料

图书资料包括：专业书刊、法律法规、规范规程、教学文件、电化教学资料、教学应用资料等。

（1）专业书刊

生均纸质图书藏量 30 册以上，其中专业图书不少于 60%，同时实用本专业的相关书籍不应少于 2000 册；用于年购置纸质图书费生均不少于 40 元；本专业的相关期刊（含报纸）不少于 10 种；应有电子阅览室、电子图书等，且应随时更新。

（2）电化教学及多媒体教学资料

有一定数量的教学光盘、专业课程均应有多媒体教学课件等资料，并能不断更新、充实其内容和数量，年更新率在 20% 以上。

（3）教学应用资料

有一定数量的国内外交流资料，有专业课教学必备的教学图纸、标准图集、规范、预

算定额等资料。

3. 数字化（网络）学习资源

以优质数字化资源建设为载体，以课程为主要表现形式，以素材资源为补充，利用网络学习平台建设共享型教学资源库。资源库建设内容涵盖学历教育与职业培训，开发专业教学软件包，包括：试题库、案例库、课件库、专业教学素材库、教学录像库等。通过专业教学网站登载，从而构建共享型专业学习软件包，为网络学习、函授学习、终身学习、学生自主学习提供条件，实现校内、校外资源共享。

9.4 教学方法、手段与教学组织形式建议

1. 教学方法

在教学过程中，教学内容要紧密结合职业岗位标准、技术规范、技术标准，提高学生的岗位适应能力。

根据不同课程性质以及不同教学内容，采用多种教学方法。例如，理论教学采取案例教学、演示教学和探究式教学等；实践教学则采取现场教学、项目教学、讨论式教学方法等。

2. 教学手段

利用网络教学平台建设，将课程资源实现数字化，共享课程资源。建立远程教育服务平台，开设师生网络交流论坛。利用多媒体技术，上传视频、图片资源，供学生自学与进一步学习深化，为学生自主学习开辟了新途径。应用模型、投影仪、多媒体、专业软件等教学资源，帮助学生理解设计、施工的内容和流程。

3. 教学组织

教学过程中立足于加强学生实际操作能力和技术应用能力的培养。采用项目教学、任务驱动、案例教学等发挥学生主体作用，以工作任务引领教学，提高学生的学习兴趣，激发学生学习的内动力。要充分利用校内实训基地和企业施工现场，模拟典型的职业工作任务，在完成工作任务过程中，让学生独立获取信息、独立计划、独立决策、独立实施、独立检查评估，学生在"做中学、学中做"，从而获得工作过程知识、技能和经验。

9.5 教学评价、考核建议

楼宇智能化工程技术专业工学结合人才培养模式和课程体系的建立，对考核标准和方式提出了新的要求。其考核应具有全面性、整体性，以学生学习新知识及拓展知识的能力、运用所学知识解决实际问题的能力、创新能力和实践能力的高低作为主要考核标准。考核方式可分为：

（1）工作过程导向的职业岗位课程可采取独立或小组的形式完成，重在对具体工作任务的计划、实施和评价的全过程考查，涵盖各个阶段的关联衔接和协作分工等内容，可通过工作过程再现、分工成果展示、学生之间他评、自评、互评相结合等方式进行评价。

（2）专业认知、生产实习、顶岗实习等课程可重点对学习途径和行动结果的描述，包

括关于学习计划、时间安排、工作步骤和目标实现的情况等内容，通过工作报告、成果展示、项目答辩等形式，采用校内老师评价与企业评价相结合的方式进行评价。

（3）工学结合的职业拓展课程可重点对岗位综合能力及其相关专业知识间结构关系的揭示以及相关项目的演示，涉及创造性、想象力、独到性和审美观的内容，通过成果展示、项目阐述等方式采用发展性评价与综合性评价相结合进行评价。

（4）"双证书"融通

学生通过专业技能认证，获取与工作岗位相应的国家职业资格证书或技术等级证书，对获取国家职业资格证书或技术等级证书的相应课程，可计入相当的成绩比例或学分，并要求至少获得一个相应的国家职业资格证书或技术等级证书，才具备获取毕业证书的必要条件。

9.6 教学管理

加强各项教学管理规章制度建设，完善教学质量监控与保障体系；形成教学督导、教师、学生、社会教学评价体系以及完整的信息反馈系统；建立可行的激励机制和奖惩制度；加强对毕业生质量跟踪调查和收集企业对专业人才需求反馈的信息。同时针对不同生源特点和各校实际明确教学管理重点与制定管理模式。

10 继续专业学习深造建议

本专业毕业生可通过对口升学、函授教育、自学考试等继续学习的渠道接受更高层次教育。其更高层次教育专业面向有：建筑电气与智能化（本科）、建筑环境与设备工程（本科）、电气工程及自动化（本科）等专业。

楼宇智能化工程技术专业教学
基本要求实施示例

1 课程体系与核心课程

1.1 课程体系构建的架构与说明

通过"市场调研、分析进行专业定位→分析职业需求确定职业岗位→分析工作内容、工作过程确定行动领域→转化为学习领域→形成基于工作过程的行动领域课程体系→建立课程标准",构建基于工作过程的工学结合课程体系。

1. 公共学习领域

公共学习领域包含入学军训教育、大学生心理健康教育、"两课"、体育、大学英语、应用文写作、计算机应用基础以及专业所需的基本素质等相关课程。此学习领域在实施教学时,分阶段、分项目融入到专业学习领域与专业拓展学习领域课程之中。

2. 专业学习领域

根据职业工作流程或典型工作任务划分为系列基于工作过程的学习领域,由具体学习单元构成并实施。

3. 职业拓展学习领域

由专业素质拓展课程和公共拓展课程组成。包括职业生涯规划专题讲座、就业指导专题讲座、专业能力拓展课程、顶岗实习、职业素质拓展(如艺术欣赏、社交礼仪等)。

职业岗位、职业核心能力与知识领域间关系见附表1。

职业岗位、职业核心能力与知识领域间关系   附表1

职业岗位	职业核心能力	知 识 领 域
安装工程施工员(电气)	1. 常用工具的使用能力 2. 高低压柜的安装能力 3. 动力、照明工程布线施工能力 4. 火灾自动报警系统设备安装施工能力 5. 安全防范工程系统安装施工能力 6. 局域网与综合布线系统施工能力 7. 通信系统施工能力 8. 建筑设备系统安装施工能力 9. 小区与智能家居设备安装施工能力 10. 编制安装工程施工图预算能力 11. 编制安装工程施工组织计划能力 12. 参与招投标以及签订合同的能力 13. 施工项目组织管理能力 14. 竣工验收与绘制竣工图能力 15. 现场管理与资料归档能力 16. 工程图的识读能力	1. 建筑构造基本知识 2. 电工与电子技术知识 3. 安全防范工程技术 4. 火灾自动报警与消防工程知识 5. 建筑设备监控系统工程知识 6. 信息与网络系统知识 7. 楼宇智能化工程造价与施工管理知识 8. 建筑供配电与照明技术 9. 建筑电气控制技术与PLC 10. 安装工程制图与识图 11. 建筑电气工程施工

职业岗位	职业核心能力	知识领域
智能楼宇设备管理员	1. 建筑设备操作运行维护管理能力 2. 智能楼宇设备故障判断处理能力 3. 楼宇设备基础资料管理能力 4. 制定维修方案与岗位操作规范能力 5. 制定楼宇设备运行管理制度能力 6. 楼宇设备维修、设备更新管理能力 7. 楼宇设备备品配件管理能力 8. 编制安装工程施工图预算能力 9. 楼宇设备工程图、原理图的绘制与识读能力	1. 建筑构造基本知识 2. 电工与电子技术知识 3. 安全防范工程技术 4. 火灾自动报警与消防工程知识 5. 建筑设备监控系统工程知识 6. 信息与网络系统知识 7. 楼宇智能化工程造价与施工管理知识 8. 建筑供配电与照明技术 9. 安装工程制图与识图 10. 建筑电气控制技术与PLC
备注	对应其他岗位的核心能力和知识领域与安装施工员一致，不再单独列出	

1.2 专业核心课程简介

将典型工作任务的职业能力结合楼宇智能化工程技术专业相应职业岗位对应的职业资格的要求，归类出安全防范工程技术、火灾自动报警系统、建筑设备监控系统、信息与网络系统、楼宇智能化工程造价与施工管理5门对应的学习领域专业核心课程。专业学习领域核心课程及其对应的主要教学内容见附表2～附表6。

楼宇智能化工程造价与施工管理课程简介　　　　　　　附表2

课程名称	楼宇智能化工程造价与施工管理	学时：100	理论40学时 实践60学时
教学目标	专业能力： 1. 了解工程造价组成的基本知识； 2. 熟悉相关的规范； 3. 具备楼宇智能化工程成本控制能力； 4. 具备施工管理能力。 方法能力： 1. 具有独立学习和继续学习能力； 2. 具有分析问题、解决问题能力； 3. 具有适应职业岗位变化的能力。 社会能力： 1. 具有较强的人际交往能力； 2. 具有一定的公共关系处理能力； 3. 具有一定的语言表达和写作能力； 4. 具有劳动组织专业协调能力		

课程名称	楼宇智能化工程造价与施工管理	学时：100	理论 40 学时 实践 60 学时
教学内容	单元 1 楼宇智能化工程成本控制 （一）知识点 1. 智能建筑工程计量与计价知识；2. 工程施工工序知识；3. 工程投标基本知识。 （二）技能点 1. 建筑智能化系统工程量的计算；2. 准确应用有关计量计价文件；3. 工料分析；4. 编制建筑智能化系统工程预算；5. 参与工程投标的技术工作。 单元 2 施工管理 （一）知识点 1. 技术资料管理知识；2. 工程合同知识；3. 安装工程的施工组织设计；4. 施工安全管理知识；5. 施工质量检验与验收管理知识。 （二）技能点 1. 工程招投标与合同管理；2. 编制安装工程的施工组织设计；3. 施工质量管理；4. 施工过程管理；5. 施工安全管理；6. 施工事故的分析处理；7. 强弱电工程竣工验收		
实训项目及内容	项目 1. 楼宇智能化工程计量与计价实训：安防系统工程的计量与计价、消防系统工程的计量与计价、局域网与综合布线工程的计量与计价。 项目 2. 计价软件上机应用：软件操作实训。 项目 3. 智能建筑工程施工组织与管理实训：编制智能建筑安装工程的施工组织设计		
教学方法建议	项目教学法、实训教学法、案例教学法		
教学场所要求	校内完成（多媒体教室、计算机房）		
考核评价要求	考核应涵盖知识、技能、态度三方面，考核成绩的评定以学生学习任务完成情况为基础，既重视学习课程成果，也重视学习课程实施过程中的职业态度、科学性、规范性和创造性，考核方式可采取学生自评、小组互评以及教师评价相结合		

火灾自动报警系统课程简介 附表 3

课程名称	火灾自动报警系统	学时：100	理论 50 学时 实践 50 学时
教学目标	专业能力： 1. 了解火灾自动报警系统的结构组成与工作原理； 2. 熟悉相关的设计施工验收规范； 3. 掌握火灾自动报警与消防联动控制系统设计方法； 4. 掌握火灾自动报警与消防联动控制系统安装与调试方法。 方法能力： 1. 具有独立学习和继续学习能力； 2. 具有分析问题、解决问题能力； 3. 具有适应职业岗位变化的能力。 社会能力： 1. 具有较强的人际交往能力； 2. 具有一定的公共关系处理能力； 3. 具有一定的语言表达和写作能力； 4. 具有劳动组织专业协调能力		

课程名称	火灾自动报警系统	学时：100	理论 50 学时 实践 50 学时
教学内容	单元 1 火灾自动报警系统概论 （一）知识点 1. 火灾的形成；2. 现代消防系统的功能与组成；3. 建筑物防火分类；4. 火灾自动报警系统基本概念。 （二）技能点 1. 火灾自动报警系统保护对象分级；2. 火灾探测器的设置部位。 单元 2 火灾自动报警系统设计 （一）知识点 1. 火灾自动报警系统的组成及原理；2. 火灾自动报警系统的主要设备性能、型号、标注和主要参数；3. 火灾自动报警系统的工程设计方法步骤与要求；4. 设计规范使用。 （二）技能点 1. 火灾自动报警系统的设备选型；2. 火灾自动报警系统的工程设计；3. 施工图绘制。 单元 3 消防联动控制系统的设计 （一）知识点 1. 消防给水系统的类型、组成及基本原理；2. 消火栓灭火系统设备参数及选型；3. 自动喷淋灭火系统设备参数及选型；4. 气体灭火系统设备参数及选型；5. 防灾与减灾系统的类型、原理及特点、系统组成、主要设备、工作过程；6. 设计规范使用。 （二）技能点 1. 消火栓灭火系统的联动控制设计；2. 自动喷淋灭火系统的联动控制设计；3. 气体灭火系统的联动控制设计；4. 其他防灾与减灾系统的联动控制设计。 单元 4 火灾自动报警与联动控制系统安装调试与检测 （一）知识点 1. 火灾自动报警系统设备安装方法及要求；2. 消防设备联动控制系统安装方法及要求；3. 火灾自动报警系统调试、检测内容与方案确定；4. 消防设备联动控制系统调试、检测内容与方案确定。 （二）技能点 1. 火灾自动报警系统设备安装操作；2. 消防联动控制系统设备安装操作；3. 火灾自动报警系统调试与检测；4. 消防设备联动控制系统调试与检测		
实训项目 及内容	项目 1. 火灾自动报警与消防联动控制系统综合设计：火灾自动报警系统保护等级确定；系统保护方式的确定；系统方案设计；设备的选择与布置；系统图、平面图的绘制。 项目 2. 火灾自动报警与消防联动控制系统综合安装实训：设备器件的布置安装；缆线的敷设；缆线与设备的连接；系统设备的调试检测		
教学方法建议	项目教学法、实训教学法、案例教学法		
教学场所要求	校内完成（多媒体教室、实训室）		
考核评价要求	考核应涵盖知识、技能、态度三方面，考核成绩的评定以学生学习任务完成情况为基础，既重视学习课程成果，也重视学习课程实施过程中的职业态度、科学性、规范性和创造性，考核方式可采取学生自评、小组互评以及教师评价相结合		

课程名称	安全技术防范系统	学时 76	理论 40 学时 实践 36 学时
教学目标	专业能力： 1. 了解各系统的组成结构、原理； 2. 熟悉相关的设计施工验收规范； 3. 掌握安防系统工程设计方法； 4. 掌握安防系统安装与调试方法。 方法能力： 1. 具有独立学习和继续学习能力； 2. 具有分析问题、解决问题能力； 3. 具有适应职业岗位变化的能力。 社会能力： 1. 具有较强的人际交往能力； 2. 具有一定的公共关系处理能力； 3. 具有一定的语言表达和写作能力； 4. 具有劳动组织专业协调能力		
教学内容	单元 1 安防系统设计 （一）知识点 1. 闭路电视监控系统的组成及其基本原理；2. 门禁系统的组成及其基本原理；3. 防盗报警系统的组成及其基本原理；4. 停车场管理系统的组成及其基本原理；5. 电子巡更系统的组成及其基本原理；6. 规范的使用查阅。 （二）技能点 1. 闭路电视监控系统的工程设计；2. 门禁系统的工程设计；3. 防盗报警系统的工程设计；4. 停车场管理系统的工程设计；5. 电子巡更系统的工程设计。 单元 2 安防系统施工 （一）知识点 1. 闭路电视监控系统的施工程序及验收规范；2. 门禁系统的施工程序及验收规范；3. 防盗报警系统的施工程序及验收规范；4. 停车场管理系统的施工程序及验收规范；5. 电子巡更系统的施工程序及验收规范。 （二）技能点 1. 闭路电视监控系统的安装与调试；2. 门禁系统的安装与调试；3. 防盗报警系统的安装与调试；4. 停车场管理系统的安装与调试；5. 电子巡更系统的安装与调试		
实训项目 及内容	项目 1. 闭路电视监控系统的安装实训：设备器件的布置安装；缆线的敷设；缆线与设备的连接；系统设备的调试验收。 项目 2. 门禁系统的安装实训：设备器件的布置安装；缆线的敷设；缆线与设备的连接；系统设备的调试验收。 项目 3. 防盗报警系统的安装实训：设备器件的布置安装；缆线的敷设；缆线与设备的连接；系统设备的调试验收。 项目 4. 停车场管理系统的安装实训：设备器件的布置安装；缆线的敷设；缆线与设备的连接；系统设备的调试验收		
教学方法建议	项目教学法、实训教学法、案例教学法		
教学场所要求	校内完成（多媒体教室、实训室）		
考核评价要求	考核应涵盖知识、技能、态度三方面，考核成绩的评定以学生学习任务完成情况为基础，既重视学习课程成果，也重视学习课程实施过程中的职业态度、科学性、规范性和创造性，考核方式可采取学生自评、小组互评以及教师评价相结合		

课程名称	信息系统与综合布线	学时：100	理论 50 学时 实践 60 学时
教学目标	专业能力： 1. 了解局域网、电视电话系统、综合布线系统的组成； 2. 熟悉相关的设计施工验收规范； 3. 掌握局域网拓扑结构的设计方法； 4. 掌握局域网设备、材料的选型、安装、连接及调试方法； 5. 掌握电视、电话系统的设计方法； 6. 掌握综合布线系统的设计方法； 7. 掌握综合布线系统设备、材料的选型、安装、连接及测试方法。 方法能力： 1. 具有独立学习和继续学习能力； 2. 具有分析问题、解决问题能力； 3. 具有适应职业岗位变化的能力。 社会能力： 1. 具有较强的人际交往能力； 2. 具有一定的公共关系处理能力； 3. 具有一定的语言表达和写作能力； 4. 具有劳动组织专业协调能力		
教学内容	单元 1 局域网系统的设计与施工 （一）知识点 1. 局域网的常见拓扑结构；2. 局域网常用的硬件设备的种类、性能与用途；3. 机房设备布置、布线的基本常识；4. 系统设备的正确选择。 （二）技能点 1. 局域网拓扑结构的设计；2. 局域网设备安装、连接及调试。 单元 2 综合布线系统的设计 （一）知识点 1. 综合布线系统的基本组成及设计基础、施工规范及要求；2. 综合布线系统常用设备、材料的种类，性能及用途。 （二）技能点 1. 综合布线系统设计；2. 绘制综合布线系统施工图；3. 综合布线系统常用设备、材料的选型。 单元 3 综合布线系统的施工 （一）知识点 1. 综合布线系统的施工规范及要求；2. 常用施工工具的使用；3. 综合布线工程施工技术；4. 综合布线工程测试方法及验收。 （二）技能点 1. 综合布线系统施工图的识读；2. 综合布线系统施工常用工具、仪器、常用材料及配件的选用；3. 电缆传输通道与光缆传输通道的施工；4. 综合布线工程测试及工程验收。 单元 4 电视电话通信系统设计与施工 （一）知识点 1. 电视电话通信系统的基本组成及设计知识、施工规范及要求；2. 电视电话系统常用的设备、材料的种类、性能及用途。 （二）技能点 1. 电视电话系统施工图的识读；2. 系统设备安装施工工艺；3. 系统工程验收		

课程名称	信息系统与综合布线	学时：100	理论 50 学时 实践 60 学时
实训项目 及内容	项目 1. 局域网与综合布线系统设计实训：系统形式的确定；设备的选择与布置；系统图、平面图的绘制。 项目 2. 局域网机房设备安装及连接实训：设备器件的布置安装；缆线的敷设；缆线与设备的连接；系统设备的调试验收。 项目 3. 电缆传输通道的安装与测试实训：缆线敷设安装；导通性能测试。 项目 4. 光缆传输通道的安装与测试实训：光缆的敷设安装；导通性能测试		
教学方法建议	项目教学法、实训教学法、案例教学法		
教学场所要求	校内完成（多媒体教室、实训室）		
考核评价要求	考核应涵盖知识、技能、态度三方面，考核成绩的评定以学生学习任务完成情况为基础，既重视学习课程成果，也重视学习课程实施过程中的职业态度、科学性、规范性和创造性，考核方式可采取学生自评、小组互评以及教师评价相结合		

建筑设备监控系统工程技术课程简介　　　　　　　　　附表 6

课程名称	建筑设备监控系统工程技术	学时 70	理论 40 学时 实践 30 学时
教学目标	专业能力： 1. 了解建筑设备各监控系统的组成原理及功能； 2. 熟悉典型的智能建筑系统集成平台及产品； 3 正确选择控制系统设备并具有施工安装和调试能力； 4. 建筑设备控制系统设备运行、管理和维护； 5. 设计智能建筑系统集成方案。 方法能力： 1. 具有独立学习和继续学习能力； 2. 具有分析问题、解决问题能力； 3. 具有适应职业岗位变化的能力。 社会能力： 1. 具有较强的人际交往能力； 2. 具有一定的公共关系处理能力； 3. 具有一定的语言表达和写作能力； 4. 具有劳动组织专业协调能力		

课程名称	建筑设备监控系统工程技术	学时 70	理论 40 学时 实践 30 学时
教学内容	单元 1 建筑设备监控系统（BA）设计 （一）知识点 1. 建筑设备监控系统控制原理及常用设备；2. 控制线路的结构及基本原理；3. 智能建筑各控制系统施工规范；4. 楼宇设备自动化系统集成基础理论与系统总线知识。 （二）技能点 1. 建筑设备监控系统方案设计；2. 建筑设备监控系统设备、材料型号及参数选择；3. 楼宇设备自动化系统施工图绘制。 单元 2 建筑设备监控系统（BA）施工 （一）知识点 1. 建筑设备监控系统的施工规范及其要求；2. 建筑设备监控系统施工技术；3. 建筑设备监控系统工程测试方法及验收。 （二）技能点 1. 建筑设备监控系统施工图的识读；2. 建筑设备监控系统施工常用工具、仪器、常用材料及配件的选用；3. 建筑设备监控系统综合安装；4. 建筑设备监控系统工程测试及工程验收		
实训项目及内容	项目 1. 建筑设备监控系统设计：监控对象的确定；建筑设备监控系统方案设计；建筑设备监控系统设备、材料型号及参数选择；楼宇设备监控系统图绘制。 项目 2. 建筑设备监控系统安装实训：设备器件的布置安装；缆线的敷设；缆线与设备的连接；系统设备的调试验收		
教学方法建议	项目教学法、实训教学法、案例教学法		
教学场所要求	校内完成（多媒体教室、实训室）		
考核评价要求	考核应涵盖知识、技能、态度三方面，考核成绩的评定以学生学习任务完成情况为基础，既重视学习课程成果，也重视学习课程实施过程中的职业态度、科学性、规范性和创造性，考核方式可采取学生自评、小组互评以及教师评价相结合		

2 专业教学进度安排及说明

2.1 专业教学进程安排（按校内 5 学期安排）

楼宇智能化工程技术专业按校内 5 个学期安排教学计划，各院校可在本教学基本要求的基础上，结合各自学校实际情况，对本教学进程进行调整，内容见附表 7。

课程类别	序号	课程名称	学时			课程按学期安排					
			理论	实践	合计	一	二	三	四	五	六
		一、文化基础课									
	1	思想道德修养与法律基础	30	1W	30	√					
	2	毛泽东思想与中国特色社会主义理论体系	30	1W	30		√				
	3	形势与政策	30	1W	30			√			
	4	国防教育与军事训练	30	1W	30				√		
	5	大学英语	120		120	√	√				
	6	体育与健康	20	120	140	√	√	√			
	7	大学人文基础	30		30		√				
	8	大学应用数学基础	80		80	√					
	9	计算机应用基础	30	30	60	√					
		小计	400	150	550						
		二、专业课									
必修课	10	安装工程制图与识图	30	30	60	√					
	11	建筑设备CAD	22	22	44		√				
	12	电工电子技术	84	30	114	√	√				
	13	建筑电气控制技术与PLC	30	42	72			√			
	14	建筑供配电与照明	50	30	80			√			
	15	信息系统与综合布线★	50	60	110				√		
	16	安全技术防范系统★	40	36	76				√		
	17	火灾自动报警系统★	50	50	100					√	
	18	建筑设备监控系统工程技术★	40	30	70				√		
	19	楼宇智能化工程造价与施工管理★	40	60	100					√	
	20	建筑电气工程施工	30	30	60					√	
	21	建筑智能化系统集成	24		24					√	
	22	工程测量	14	16	30			√			
	23	建筑构造	40		40		√				
	24	建设法规	40		40		√				
		小计	574	446	1020						

课程类别	序号	课程名称	学时			课程按学期安排					
			理论	实践	合计	一	二	三	四	五	六
选修课		三、限选课									
	25	安装工程监理	24		24					√	
	26	建筑给水排水工程	20	10	30			√			
	27	通风与空调工程	20	10	30			√			
		小计	64	20	84						
		四、任选课									
	28	各校自己确定	26	20							
	29										
		小计	26	20	46						
		合计	1064	636	1700						

注:1. 标注★的课程为专业核心课程。

2. W 为假期组织的专用周,不占正常课时。

3. 限选课除本专业教学要求列出课程外,各院校可根据各自发展需要设置相应课程。

4. 任选课由各院校根据各自发展需要设置相应课程。

2.2 实践教学安排

本专业的专业课程均支持相应的专业技能。为更好地掌握专业技能,拓展学生就业途径,各院校可以配置相对应的实训课程,实训内容可以将某个专业技能中核心部分拿出来操作训练,也可以将几个专业技能合并在一起进行操作训练,具体由各院校根据自身特点和条件自定。附表 8 列出的是本专业的基本实训项目,基本实训项目应安排学生进行操作训练。基本实训项目以外的为选择实训项目或拓展实训项目,选择实训项目或拓展实训项目由各院校根据自身特色和发展需要自行确定。

楼宇智能化工程技术专业实践教学安排　　　　　　　附表 8

序号	项目名称	教学内容	对应课程	学时	实践教学项目按学期安排					
					一	二	三	四	五	六
1	认识实习	对本专业工作范畴和工作内容的了解		30	√					
2	电工与电子技术实训	电工与电子技术基础实训	电工与电子技术	30	√	√				
3	电气控制实训	继电器－接触器控制电路安装、可编程控制器控制实训	建筑电气控制技术与 PLC	30			√			
4	电梯电气控制实践	熟悉电梯控制电路、控制原理、安装及要求	建筑电气控制技术与 PLC	12			√			

序号	项目名称	教学内容	对应课程	学时	实践教学项目按学期安排					
					一	二	三	四	五	六
5	建筑配电与照明设计	完成一多层综合楼配电与照明设计	建筑供配电与照明	30			√			
6	建筑电气设备安装施工实训	变压器安装、配电柜（箱）安装、低压电器安装、灯具插座安装、线路敷设、防雷与接地装置安装	建筑电气工程施工	30					√	
7	门禁与可视对讲系统安装与调试	设备器件选型、线路安装、设备器件安装、系统调试	安全技术防范系统	12			√			
8	视频安防监控系统安装与调试	设备器件选型、线路安装、设备器件安装、系统调试	安全技术防范系统	12			√			
9	入侵报警系统安装与调试	设备器件选型、线路安装、设备器件安装、系统调试	安全技术防范系统	12			√			
10	火灾自动报警与联动控制系统设计	给一具体工程项目，对火灾自动报警与联动控制系统进行设计	火灾自动报警系统	30				√		
11	火灾自动报警与联动控制系统安装与调试	设备器件选型、线路安装、设备器件安装、系统调试	火灾自动报警系统	30				√		
12	局域网设计与综合布线设计	给一具体工程，设计局域网与综合布线系统	信息系统与综合布线	30				√		
13	信息与网络系统安装	综合布线系统线路安装、配线架与交换机安装、系统调试，计算机网络安装调试	信息系统与综合布线	30				√		
14	建筑设备监控系统安装与调试	设备器件选型、线路安装、设备器件安装、系统调试	建筑设备监控系统工程技术	30					√	
15	楼宇智能化工程施工组织设计	给出一实际工程，进行施工组织设计	楼宇智能化工程造价与施工管理	30					√	
16	楼宇智能化工程施工图预算	给出一具体工程项目施工图，进行施工图预算	楼宇智能化工程造价与施工管理	30					√	
合计				408						

注：每天按 6 学时、每周按 30 学时计算。

2.3 教学安排说明

1. 在校总周数

在校总周数不少于 100 周。

2. 实行学分制时，专业教育总学分数、学分分配以及学时与学分的折算办法

理论教学课的课时一般按 14～18 个课时计算为一个学分，实践教学一般 30 个课时（或一个集中周训练）计算为一个学分。教学总学时控制在 3000 个课时±5％内，实践教学的学时应不少于总学时的 45％，不高于总学时的 55％，实践教学采用集中周实训的，一周学时按 30 个学时计算，专业实践训练课的学分宜为总学分的 28％左右。毕业总学分150 学分左右。

楼宇智能化工程技术专业
校内实训及校内实训
基地建设导则

1 总　　则

1.0.1 为了加强和指导高职高专教育楼宇智能化工程技术专业校内实训教学和实训基地建设，强化学生实践能力，提高人才培养质量，特制定本导则。

1.0.2 本导则依据楼宇智能化工程技术专业学生的专业能力和知识的基本要求制定，是《高职高专教育楼宇智能化工程技术专业专业规范》的重要组成部分。

1.0.3 本导则适用于楼宇智能化工程技术专业校内实训教学和实训基地建设。

1.0.4 本专业校内实训与校外实训应相互衔接，实训基地与相关专业及课程实现资源共享。

1.0.5 楼宇智能化工程技术专业的校内实训教学和实训基地建设，除应符合本导则外，尚应符合国家现行标准、政策的规定。

2 术　　语

2.0.1 实训

在学校控制状态下，按照人才培养规律与目标，对学生进行职业能力训练的教学过程。

2.0.2 基本实训项目

与专业培养目标联系紧密，且学生必须在校内完成的职业能力训练项目。

2.0.3 选择实训项目

与专业培养目标联系紧密，根据学校实际情况，宜在学校开设的职业能力训练项目。

2.0.4 拓展实训项目

与专业培养目标相联系，体现专业发展特色，可在学校开展的职业能力训练项目。

2.0.5 实训基地

实训教学实施的场所，包括校内实训基地和校外实训基地。

2.0.6 共享性实训基地

与其他院校、专业、课程共用的实训基地。

2.0.7 理实一体化教学法

即理论实践一体化教学法，将专业理论课与专业实践课的教学环节进行整合，通过设定的教学任务，实现边教、边学、边做。

2.0.8 智能建筑

它是以建筑为平台，兼备建筑设备、办公自动化及通信网络系统，集结构、系统、服务、管理及它们之间的最优化组合，向人们提供一个安全、高效、舒适、便利的建筑环境。

2.0.9 深化设计

在方案设计、技术设计的基础上进行施工方案细化，并绘制施工图的过程。

3 校内实训教学

3.1 一般规定

3.1.1 楼宇智能化工程技术专业必须开设本导则规定的基本实训项目，且应在校内完成。

3.1.2 楼宇智能化工程技术专业应开设本导则规定的选择实训项目，且宜在校内完成。

3.1.3 学校可根据本校专业特色，选择开设拓展实训项目。

3.1.4 实训项目的训练环境宜符合楼宇智能工程的真实环境。

3.1.5 本章所列实训项目，可根据学校所采用的课程模式、教学模式和实训教学条件，采取理实一体化教学或独立与理论教学进行训练；可按单个项目开展训练或多个项目综合开展训练。

3.2 基本实训项目

3.2.1 楼宇智能化工程技术专业的基本实训项目应符合附表 3.2.1 的要求。

楼宇智能化工程技术专业基本实训项目 附表 3.2.1

序号	实训项目	能力目标	实训内容	实训方式	评价要求
1	综合布线系统实训	应使学生具备综合布线系统的安装、调试的能力	1. 管槽安装； 2. 线缆敷设； 3. 识别电缆、配线架的标识； 4. 安装机架设备； 5. 安装信息插座； 6. 系统调试	实操	对学生实操过程、结果进行评价，实操结果评价应参照 GB 50339 的要求
2	火灾自动报警及消防联动控制系统实训	应使学生具备火灾自动报警及消防联动控制系统设备安装、系统调试能力	1. 安装火灾探测器、手动报警按钮、模块、消防电话、消防广播等设备； 2. 安装火灾报警控制器、设备的编码，系统的调试	实操	对学生实操过程、结果进行评价，实操结果评价应参照 GB 50339、GB 50166 的要求
3	信息设施系统实训	1. 应使学生具备电话交换系统安装及调试能力； 2. 有线电视系统安装及调试能力； 3. 信息网络系统安装及调试能力	1. 电话交换系统程控交换机硬件安装、调试； 2. 室内外线缆的连接与调试； 3. 有线电视安装用户分配网的线路、器材，对分配网进行维护； 4. 信息网络设备选择、网络连接，信息网络系统管理，局域网组网，Internet 的接入； 5. 网络系统故障诊断	实操	对学生实操过程、结果进行评价，实操结果评价应参照 GB 50339 的要求

序号	实训项目	能力目标	实训内容	实训方式	评价要求
4	建筑设备监控系统实训	应使学生具备建筑设备监控系统安装、调试能力	1. 传感器和驱动器的安装与连接; 2. 控制器的安装; 3. 控制器的调试	实操	对学生实操过程、结果进行评价,实操结果评价应参照 GB 50339 的要求
5	安全防范系统实训	应使学生具备安全防范系统的安装、调试能力	1. 视频监控系统前端、终端设备的安装与调试; 2. 入侵报警系统前端设备的安装与维护; 3. 对讲系统的安装与维护; 4. 门禁系统安装与调试; 5. 安全防范系统的运行值机; 6. 入侵报警系统主机的安装与调试	实操	对学生实操过程、结果进行评价,实操结果评价应参照 GB 50339、GB 50348 的要求
6	综合布线深化设计实训	应使学生具备深化设计的能力	施工方案细化、施工图设计	设计	设计结果应符合施工要求

3.3 选择实训项目

3.3.1 楼宇智能化工程技术专业的选择实训项目应符合附表 3.3.1 的要求。

楼宇智能化工程技术专业的选择实训项目   附表 3.3.1

序号	实训项目	能力目标	实训内容	实训方式	评价要求
1	综合布线系统实训	应使学生具备光纤连接的能力	光纤连接	实操	对学生实操过程、结果进行评价,实操结果评价应参照 GB 50339 的要求
2	火灾自动报警及消防联动系统实训	应使学生具备火灾自动报警及消防联动系统运行检测、维护能力	1. 对消防系统故障进行排查; 2. 对消防设备进行定期检测、维护	实操	对学生实操过程、结果进行评价,实操结果应符合实际工作状况
3	卫星电视天线实训	应使学生具备卫星电视天线和接收设备安装、维护的能力	1. 安装卫星电视天线和接收设备; 2. 对卫星电视天线和接收设备进行维护	实操	对学生实操过程、结果进行评价,实操结果应符合实际工作状况

序号	实训项目	能力目标	实训内容	实训方式	评价要求
4	建筑设备监控系统实训	1. 应使学生具备中央控制站的维护能力； 2. 学生能对系统进行故障诊断	1. 对中央控制站进行维护； 2. 对现场设备进行故障诊断	实操	对学生实操过程、结果进行评价，实操结果应符合实际工作状况
5	智能家居实训	应使学生具备智能家居系统的安装与调试能力	1. 设备安装； 2. 仪表安装； 3. 系统调试	实操	对学生实操过程、结果进行评价，实操结果应符合实际工作状况
6	安防系统集成实训	应使学生具备安防系统集成能力	1. 安防系统集成设备安装； 2. 系统调试	实操	对学生实操过程、结果进行评价，实操结果评价应参照 GB 50339 的要求

3.4 拓 展 实 训 项 目

3.4.1 楼宇智能化工程技术专业可根据本校专业特色自主开设拓展实训项目。

3.4.2 楼宇智能化工程技术专业开设综合系统布线实训、会议系统、视频会议系统实训、系统集成实训等拓展实训项目时，其能力目标、实训内容、实训方式、评价要求应符合附表 3.4.2 的要求。

楼宇智能化工程技术专业的拓展实训项目　　　　　　　　　　附表 3.4.2

序号	实训项目	能力目标	实训内容	实训方式	评价要求
1	综合布线系统实训	1. 应使学生具备综合布线的测试能力； 2. 会记录测试结果	1. 铜缆测试； 2. 光纤测试； 3. 记录综合布线系统的工程电气测试结果	实操	对学生实操过程、结果进行评价，实操结果应符合实际工作状况
2	会议系统、视频会议系统实训	应使学生具备会议系统、视频会议系统的安装、调试能力	1. 设备安装； 2. 系统调试	实操	对学生实操结果进行评价，实操结果评价应参照 GB 50339 的要求
3	系统集成实训	应使学生具备 IBMS 系统集成能力	安防系统、消防系统、建筑设备监控系统集成及调试	实操	对学生实操结果进行评价，实操结果评价应参照 GB 50339 的要求

3.5 实 训 教 学 管 理

3.5.1 各院校应将实训教学项目列入专业培养方案，所开设的实训项目应符合本导则要求。

3.5.2 每个实训项目应有独立的教学大纲和考核标准。

3.5.3 学生的实训成绩应在学生学业评价中占一定的比例，独立开设且实训时间1周及以上的实训项目，应单独记载成绩。

4 校 内 实 训 基 地

4.1 一 般 规 定

4.1.1 校内实训基地的建设，应符合下列原则和要求：

1. 因地制宜、开拓创新，具有实用性、先进性和效益性，满足学生职业能力培养的需要；

2. 源于现场、高于现场，尽可能体现真实的职业环境，体现本专业领域新材料、新技术、新工艺、新设备；

3. 实训设备应优先选用工程用设备。

4.1.2 各院校应根据学校区位、行业和专业特点，积极开展校企合作，探索共同建设生产性实训基地的有效途径，积极探索虚拟工艺、虚拟现场等实训新手段。

4.1.3 各院校应根据区域学校、专业以及企业布局情况，统筹规划、建设共享型实训基地，努力实现实训资源共享，发挥实训基地在实训教学、员工培训、技术研发等多方面的作用。

4.2 校内实训基地建设

4.2.1 校内实训基地的场地最小面积、主要设备及数量应符合附表4.2.1-1~附表4.2.1-7的要求。

注：本导则按照1个教学班实训计算实训设备。

通信与综合布线系统实训项目设备配置标准　　　　　附表 4.2.1-1

序号	实训项目	实训类别	主要设备	单位	数量	实训室面积
1	综合布线实训项目1：常用设备安装实训	基本实训	配线架、综合布线常用设备	套	5	不小于120m²
2	综合布线实训项目2：通断测试实训	选择实训	通断测试仪	套	5	
3	综合布线实训项目3：铜缆测试实训	拓展实训	铜缆测试仪	套	5	
4	综合布线实训项目4：光纤测试实训	拓展实训	光纤测试仪	套	5	

序号	实训项目	实训类别	主要设备	单位	数量	实训室面积
1	火灾自动报警及消防联动系统实训项目 1：火灾自动报警系统实训	基本实训	火灾探测器、手动报警按钮、模块、区域显示器、广播音箱、消防电话等火灾自动报警系统常用设备	套	1	不小于 150m²
2	火灾自动报警及消防联动系统实训项目 2：火灾自动报警联动系统实训	基本实训	联动控制线路、联动控制盘、喷淋系统联动控制、防排烟系统联动控制、防火卷帘系统联动控制	套	4	
3	火灾自动报警及消防联动系统实训项目 3：喷淋系统演示实训	选择实训	喷淋系统演示实训装置	套	1	
4	火灾自动报警及消防联动系统实训项目 4：防火卷帘门演示实训	选择实训	防火卷帘门演示实训装置	套	1	

建筑设备监控系统实训项目设备配置标准　　附表 4.2.1-3

序号	实训项目	实训类别	主要设备	单位	数量	实训室面积
1	建筑设备监控系统实训项目 1：中央空调监控系统实训	选择实训	模型结构：中央空调空气处理系统及水系统的工作流程。DDC 控制器，LonWorks、BACnet 或 C-Bus 等总线。联动和系统集成的接口。探测器、执行器等设备	套	1	不小于 150m²
2	给水排水监控系统实训	选择实训	模型结构、DDC 控制器、Lon-Works、BACnet 或 C-Bus 等总线。联动和系统集成的接口	套	1	
3	建筑设备监控系统实训项目 2：供配电与照明监控系统实训	选择实训	数据采集控制器、模拟照明配电盘、模拟照明灯具、能源计量、电压和电流传感器、监控软件等。模拟照明配电盘、日光灯、荧光灯、LED 灯等	套	1	
4	建筑设备监控系统实训项目 3：电梯监控系统实训	选择实训	模型结构：电梯模型与配套监控系统	套	1	

安全防范系统实训项目设备配置标准

附表 4.2.1-4

序号	实训项目	实训类别	主要设备	单位	数量	实训室面积
1	安全防范系统实训项目1：闭路电视监控系统实训	基本实训	闭路电视监控系统设备	套	1	
2	安全防范系统实训项目2：防盗报警系统实训	基本实训	防盗报警系统实训设备	套	1	
3	安全防范系统实训项目3：可视对讲与室内安防系统实训	基本实训	可视对讲与室内安防系统设备	套	1	不小于120m²
4	安全防范系统实训项目4：门禁一卡通系统实训	基本实训	门禁一卡通系统设备	套	1	
5	安全防范系统实训项目5：停车场管理系统实训	选择实训	停车场管理系统设备	套	1	

信息设施系统实训项目设备配置标准

附表 4.2.1-5

序号	实训项目	实训类别	主要设备	单位	数量	实训室面积
1	信息设施系统实训项目1：卫星及有线电视系统实训	基本、选择实训	卫星接收天线、工程型卫星接收机、功分器、定频调制器、变频调制器以及混合器	套	1	
			双向干线放大器、单向干线放大器、分配器、分支器及用户盒，并配备用于安装与调试的工具和测量仪表	套	4	
2	信息设施系统实训项目2：电话程控交换机系统实训	基本实训	电话程控交换机	台	5	
			电话机	台	20	不小于120m²
3	信息设施系统实训项目3：视频会议系统实训	拓展实训	前端摄像机、话筒、投影仪、视频会议服务器、相关软件	套	1	
4	信息设施系统实训项目4：信息发布系统实训	基本实训	显示屏体、控制器、专用软件	套	1	
5	信息设施系统实训项目5：小型局域网实训	基本实训	网络服务器	台	10	
			交换机（二层交换机）	台	2	
			路由器	台	10	
			计算机	台	10	

智能家居系统实训项目设备配置标准 附表 4.2.1-6

序号	实训项目	实训类别	主要设备	单位	数量	实训室面积
1	智能家居系统实训项目1：智能家居系统基础实训	选择实训	智能家居系统设备	套	1	不小于 70m²
2	智能家居系统实训项目2：远程抄表系统实训	选择实训	直读式表计、脉冲式表计、射频 IC 式表计、红外（蓝牙）表计等常用表计，系统表计应包括水表、燃气表、电表等三种	套	1	

系统集成实训项目设备配置标准 附表 4.2.1-7

序号	实训项目	实训类别	主要设备	单位	数量	实训室面积
1	系统集成实训项目1：系统集成实训	拓展实训	网络管理的控制器，基于网络方式的实训软件，远程监控的网络接口	套	1	不小于 70m²
2	系统集成实训项目2：安防系统集成实训	选择实训	安防系统集成设备	套	1	

4.3 校内实训基地运行管理

4.3.1 学校应设置校内实训基地管理机构，对实践教学资源进行统一规划，有效使用。

4.3.2 校内实训基地应配备专职管理人员，负责日常管理。

4.3.3 学校应建立并不断完善校内实训基地管理制度和相关规定，使实训基地的运行科学有序，探索开放式管理模式，充分发挥校内实训基地在人才培养中的作用。

4.3.4 学校应定期对校内实训基地设备进行检查和维护，保证设备的正常安全运行。

4.3.5 学校应有足额资金的投入，保证校内实训基地的运行和设施更新。

4.3.6 学校应建立校内实训基地考核评价制度，形成完整的校内实训基地考评体系。

5 校 外 实 训

5.1 一 般 规 定

5.1.1 校外实训是学生职业能力培养的重要环节，各院校应高度重视，科学实施。

5.1.2 校外实训应以实际工程项目为依托，以实际工作岗位为载体，侧重于学生职业综合能力的培养。

5.2 校外实训基地

5.2.1 校外实训基地应能提供与本专业培养目标相适应的职业岗位，并宜对学生实施轮岗实训。

5.2.2 校外实训基地应具备符合学生实训的场所和设施，具备必要的学习及生活条件，并配置专业人员指导学生实训。

5.3 校外实训管理

5.3.1 校企双方应签订协议，明确责任，建立有效的实习管理工作制度。

5.3.2 校企双方应有专门机构和专门人员对学生实训进行管理和指导。

5.3.3 校企双方应共同制定学生实训安全制度，采取相应措施保证学生实训安全，学校应为学生购买意外伤害保险。

5.3.4 校企双方应共同成立学生校外实训考核评价机构，共同制定考核评价体系，共同实施校外实训考核评价。

6 实 训 师 资

6.1 一 般 规 定

6.1.1 实训教师应履行指导实训、管理实训学生和对实训进行考核评价的职责。实训教师可以专兼职。

6.1.2 学校应建立实训教师队伍建设的制度和措施，有计划对实训教师进行培训。

6.2 实训师资数量及结构

6.2.1 学校应依据实训教学任务、学生人数合理配置实训教师，每个实训项目不宜少于2人。

6.2.2 各院校应努力建设专兼结合的实训教师队伍，专兼职比例宜为1:1。

6.3 实训师资能力及水平

6.3.1 学校专任实训教师应熟练掌握相应实训项目的技能，宜具有工程实践经验及相关职业资格证书，具备中级（含中级）以上专业技术职务。

6.3.2 企业兼职实训教师应具备本专业理论知识和实践经验，经过教育理论培训；指导工种实训的兼职教师应具备相应专业技术等级证书，其余兼职教师应具有中级及以上专业技术职务。

附录 A 本导则引用标准

《建筑工程施工质量验收统一标准》GB 50300

《建筑电气工程施工质量验收规范》GB 50303

《智能建筑设计标准》GB/T 50314

《智能建筑工程质量验收规范》GB 50339

《居住区智能化系统配置与技术要求》CJ/T 174

《综合布线系统工程设计规范》GB 50311

《建筑物电子信息系统防雷技术规范》GB 50343

《综合布线系统工程验收规范》GB 50312

《火灾自动报警系统设计规范》GB 50116

《火灾自动报警系统施工及验收规范》GB 50166

《安全防范工程技术规范》GB 50348

《入侵报警系统工程设计规范》GB 50394

《视频安防监控系统工程设计规范》GB 50395

《出入口控制系统工程设计规范》GB 50396

《建筑设计防火规范》GB 50016

《建筑采光设计标准》GB/T 50033

《建筑照明设计标准》GB 50034

《电子信息系统机房设计规范》GB 50174

《智能建筑工程施工规范》GB 50606

本导则用词说明

为了便于在执行本导则条文时区别对待，对要求严格程度不同的用词说明如下：

1. 表示很严格，非这样做不可的用词：

　　正面词采用"必须"；

　　反面词采用"严禁"。

2. 表示严格，在正常情况下均应这样做的用词：

　　正面词采用"应"；

　　反面词采用"不应"或"不得"。

3. 表示允许稍有选择，在条件许可时首先应这样做的用词：

　　正面词采用"宜"或"可"；

　　反面词采用"不宜"。